风荷载对采动区输电铁塔抗地表变形性能的影响

袁广林　赵嘉兴　武立平　叶　盛　著

中国矿业大学出版社

内 容 提 要

本书以 110 kV 输电线路为背景,研制了输电铁塔模型支座位移和风荷载加载装置,进行了正常运行工况和风荷载工况下输电铁塔支座位移加载模型试验;建立了典型 110 kV 输电铁塔的有限元模型,研究了不同地表变形作用对输电铁塔内力、变形及破坏形态的影响规律,获得了输电铁塔在不同地表变形作用下的极限支座位移值;建立了输电铁塔—基础—地基整体有限元模型,以地基土变形和应力、上部铁塔结构支座位移和杆件最大应力为比较依据,研究了独立基础和复合防护板基础的抗地表变形性能,分析了防护板厚度对上部铁塔结构受力和变形的影响规律,提出了防护板厚度合理取值的建议;进行了不同地表变形作用下输电铁塔的抗风性能研究,获得了不同地表变形和风荷载作用下铁塔的破坏形态和抗风极限承载力,提出了采动区输电铁塔抗风极限承载力的预计模型,可为采动区输电铁塔在风荷载作用下的安全性评价提供参考。

图书在版编目(C I P)数据

风荷载对采动区输电铁塔抗地表变形性能的影响 /
袁广林等著.—徐州:中国矿业大学出版社,2018.12
ISBN 978 - 7 - 5646 - 4272 - 3

Ⅰ. ①风… Ⅱ. ①袁… Ⅲ. ①风载荷—影响—输电铁
塔—抗变形—性能—研究 Ⅳ. ①TM753

中国版本图书馆 CIP 数据核字(2018)第298867号

书　　名	风荷载对采动区输电铁塔抗地表变形性能的影响
著　　者	袁广林　赵嘉兴　武立平　叶　盛
责任编辑	杨　洋
出版发行	中国矿业大学出版社有限责任公司
	(江苏省徐州市解放南路　邮编221008)
营销热线	(0516)83884103　83885105
出版服务	(0516)83995789　83884920
网　　址	http://www.cumtp.com　**E-mail**:cumtpvip@cumtp.com
印　　刷	江苏凤凰数码印务有限公司
开　　本	787×1092　1/16　**印张** 9　**字数** 225 千字
版次印次	2018 年 12 月第 1 版　2018 年 12 月第 1 次印刷
定　　价	35.00 元

(图书出现印装质量问题,本社负责调换)

前　　言

我国电力能源在供求上存在着地域差异,随着我国"变输煤为输电"和"西电东送"等能源政策的深入执行,许多高压和超(特)高压输电线路将不可避免地途经采煤沉陷区。采动区地表沉陷是影响输电线路安全运行的重大隐患,开展风荷载对采动区输电铁塔抗地表变形性能的影响研究,对确保采动区输电铁塔结构安全可靠和输电线路安全运行,具有重要的意义。本书的主要研究内容如下:

(1)进行了正常运行工况和风荷载工况下输电铁塔支座位移加载模型试验研究。研制了输电铁塔模型支座位移和风荷载加载装置,分析了输电铁塔在地表水平变形作用下的破坏形态,研究了地表水平变形对输电铁塔内力和变形的影响规律以及风荷载对输电铁塔抗地表变形性能的影响规律。

(2)进行了输电铁塔抗地表变形性能的有限元分析。建立了典型 110 kV 输电铁塔的有限元模型,研究了不同地表变形作用(11 种单独地表变形工况和10 种复合地表变形工况)对输电铁塔内力、变形及破坏形态的影响规律,获得了输电铁塔在不同地表变形作用下的极限支座位移值,可为地表变形作用下输电铁塔的安全性评价提供参考。

(3)进行了输电铁塔基础抗地表变形性能的有限元分析。建立了输电铁塔—基础—地基整体有限元模型,以地基土变形和应力、上部铁塔结构支座位移和杆件最大应力为比较依据,研究了独立基础和复合防护板基础的抗地表变形性能,分析了防护板厚度对上部铁塔结构受力和变形的影响规律,提出了防护板厚度合理取值的建议。

(4)进行了采动区输电铁塔抗风性能研究。分析了不同地表变形作用下输电铁塔的抗风性能研究,获得了不同地表变形和风荷载作用下铁塔的破坏形态和抗风极限承载力,研究了地表变形对输电铁塔抗风性能的影响规律,可为采动区输电铁塔在风荷载作用下的安全性评价提供参考。

限于作者水平,书中的错误和疏漏之处在所难免,敬请广大读者批评指正。

作　者
2018 年 10 月

目　　录

1 绪   论

1.1 课题来源与研究意义

煤炭在国民经济发展中占有重要地位,占一次性消耗能源构成的70%以上。近五年我国煤炭年产量均超过25亿 t,居世界之首[1]。在煤炭开采业蓬勃发展的同时,与之密切相关的电力产业同样也发展迅速。但是,我国电力能源在供求上存在着地域差异,国家电力公司已提出"全国联网、西电东送、南北互供"一系列战略部署[2]。因此,我国在以后很长一段时间将不可避免地继续进行大规模的输电线路建设,跨地域的高压输电已成为矿区就地消化煤炭资源、减少煤炭运输压力、远距离电力输送的主要形式。

随着我国"变输煤为输电"和"西电东送"等能源政策的深入执行,越来越多的坑口电厂将建设在煤炭主产区内,造成许多高压和超(特)高压输电线路将不可避免地途经采煤沉陷区。目前我国各大矿区几乎所有的煤田上方均有高压线通过,开采沉陷已经严重影响到输电线路的建设和安全运行,影响区域包括内蒙古、山西、河南、陕西、山东、贵州、河北、江苏、安徽等地[3-8]。

输电塔架结构属高耸结构,对地基基础条件要求较高。然而输电铁塔在煤层开采的影响下,因地表移动变形使基础沉降、塔身变形倾覆失稳,进而导致高压输电线路各设施发生变形,如线路挡距、近地距离变化、悬垂绝缘子串偏斜等问题,有可能导致倒塔、断线等严重安全事故。采空区地质灾害造成输电线路杆塔倾斜、根开变大等(图1-1),被迫停电、移塔、改线的事件时有发生。采用留设保护煤柱、条带开采等传统的技术措施对高压输电线路铁塔进行保护,不但会损失大量的煤炭资源,而且严重影响煤矿井下开拓布局,降低煤矿生产效率。而采取高压线路改线的方法,不但投资大,涉及面广,实施难度大,而且存在路径选择困难、重复压煤、建设周期长等复杂问题。因此,对采动区高压输电铁塔抗地表变形性能研究具有重要的现实意义。

随着输电线路电压等级逐渐提高,输电塔线体系日趋呈现杆塔高耸结构、导线截面粗大、多回路、跨距长、负荷大、柔性强等特点。由于铁塔的高柔性、导地线和绝缘子串的几何非线性以及塔线之间、塔与基础之间的耦合作用,故输电塔线体系对风荷载作用也非常敏感。在强风作用下,其结构会产生剧烈的振荡,引起杆件断裂或者留下残余变形,易产生大的风致动力响应,导致动力疲劳和失稳等现象,甚至整个结构也有可能被风吹倒。格构式塔架的质量较一般高层建筑结构要轻得多,所以一般而言,风荷载对格构式塔架的影响更大,是格构式高耸结构的主要侧向荷载。因此,风荷载是输电铁塔一种重要的设计荷载,甚至是决定性的因素。

在风荷载作用下,输电铁塔倒塔断线事故时有发生。如1992年和1993年,我国

(a)   (b)

图 1-1　采动区输电铁塔变形

(a)基础不均匀沉陷导致铁塔倾斜;(b)地表开裂使铁塔根开增大

500 kV高压输电线路 2 次发生大风致倒塔事故;2005 年,国家"西电东送"和华东、江苏"北电南送"的重要通道——江苏泗阳 500 kV 任庄(徐州)—上河(淮安)5237 线发生风致倒塔事故,一次性串倒 10 基输电塔;2008 年,强台风"黑格比"造成阳江110 kV 平闸甲乙线全线倒塔24 基,杆塔倾斜变形10 基。据不完全统计,仅 2005 年,发生在我国的强风共导致 500 kV 输电塔倒塌18 基,110 kV 以上输电塔倒塌57 基[9]。图 1-2 为强风作用导致的输电塔倒塌破坏现场照片。强风所造成的输电线路倒塔事故不局限于中国。美国、澳大利亚、南非等多个国家的统计数据也显示,输电线路所受的自然灾害所导致的破坏80%以上是由于区域性的强风引起的[10-12]。严峻的事实表明:由于设计理论的局限性和缺陷,使得现有输电塔体系的防灾控制措施不尽合理,有待进行深入、系统的基础性研究。确保在风荷载作用下输电铁塔的安全性和可靠性,对于当前结构设计者来说是一个刻不容缓的任务和巨大挑战。

图 1-2　强风作用下输电铁塔倒塌破坏图

综上所述,采动区内输电铁塔不可避免地要面临采动地表变形和不利风荷载的双重威胁,安全形势极其严峻。高压输电塔线体系是重要的生命线工程,输电铁塔结构的倒塌不仅会造成本身的经济损失,还会带来次生灾害——大面积的地区停电而引起巨大的经济损失,后果非常严重。同时,确保输电铁塔在采动地表变形和风荷载作用下的结构安全可靠和输电线路安全运行,可大量解放输电线塔下的煤炭资源,有利于煤炭企业的可持续发展,有利于输电企业安全生产,有利于节约土地资源。因此,开展采动区输电铁塔抗地表变形和抗风性能的研究,具有十分重要的意义。

1.2 国内外研究现状

1.2.1 非采动区输电铁塔结构研究现状

1.2.1.1 输电铁塔结构计算方法

输电铁塔结构是一种复杂的空间结构,常用的计算方法可分为简化平面桁架法与空间桁架法两类[13]。

早期的输电铁塔设计,因受计算手段和能力的限制,内力计算大多数采用各种简化力法。铁塔简化平面桁架法是将截面为四边形的塔架结构,利用空间对称性,将其分解成若干片平面桁架计算,分别求出这些平面桁架的内力,再将内力组合起来,得到整个塔架的内力。这种方法忽略了塔架各个塔面的折角和杆件间的变形协调关系,以及横隔和辅助杆件的影响,计算结果有一定的误差,对于塔身坡度变化大及塔身有大量交叉斜材的铁塔误差更大。

随着计算机在结构设计中的广泛应用,空间桁架法成为塔架结构的首选内力分析方法。空间桁架法考虑了塔架结构各杆件的变形协调关系和力学平衡关系,能比较准确地反映塔架受力的实际情况,它分为简化空间桁架法、分层空间桁架法和整体空间桁架法三种。现在一般采用的整体空间桁架有限元法是将整个塔架作为超静定空间体系,根据平衡条件和变形协调关系列出联立方程,然后求解塔架的内力和变形。它适用于各种腹杆形式的塔架,可计算塔架在风力和地震力作用下的杆件内力、位移和转角,还能计算塔架的自振周期和振型,是一种精确、适用面广的计算方法,国内外的塔架分析设计程序几乎都是基于该方法开发的。

目前在工程界普遍采用小变形和线弹性材料假定,按空间桁架法计算杆件内力。计算分析和试验结果表明:空间桁架法基本上可以满足工程设计的要求,但对一些新塔型和复杂荷载工况下输电塔架的计算分析结果与试验结果存在一定的差距。因此,国内外学者对输电铁塔结构的精确计算方法进行了研究,并得出了许多有益的结论。

Matsuo 等[14]使用三维模型分析了不同荷载方向、地形和地理特性、基础类型情况下,基础的位移和输电塔构件应力的相互影响,提出了 275 kV 下输电塔的"输电塔与基础的联合设计方法"。Albermani 等[15]与 Silvaa 等[16]认为将节点假定为理想铰节点与实际不相符,提出了将输电铁塔中的杆件作为梁单元来分析,并考虑节点柔性的影响。Lee[17]和 Albermani[18-19]考虑材料的弹塑性变形,对输电铁塔结构和类似的薄壁结构的非线性大变形破坏进行了计算分析。Kitipornchai 和 Albremani[20-21]把输电铁塔按空间刚架进行了分析,并基于一般薄壁梁单元推导出几何非线性单元刚度矩阵,考虑了初应力和初变形的影响,开发了一个考虑几何和材料非线性、节点的弹性和大挠度影响的输电铁塔设计软件。

郭邵宗[22]提出在输电铁塔结构计算上要进行全面的非线性分析,计算时除了考虑大变形外,还希望考虑杆件的非线性应力—应变特性、荷载作用下发生的螺栓滑移和连接的实际偏心。赵滇生[23-24]对输电塔架的结构理论进行了全面分析讨论,系统地研究了塔架结构的受力性能。使用 ANSYS 软件对一典型塔架建立了 3 种不同的有限元模型,即空间桁架模型、空间刚架模型和杆梁混合模型,进行了塔架的多种工况静力分析,讨论了计算模型、节点刚度、连接偏心和几何非线性对塔架静力分析结果的影响。杨万里等[25]提出了一种计算机有限元分析方法,并通过程序设计,初步实现了对自立式铁塔、拉线塔静力分析的数值解法。

赵静[26]以空间桁架有限元杆系模型为理论基础,进行了各塔架结构的动力特性和地震反应分析,对比研究了非抗震和抗震两种组合情况下塔体各部分杆件的设计控制内力。陈建稳[27]采用数值分析方法,研究了梁桁混合模型与刚架模型对于输电塔杆件内力和变形的影响规律,结果表明:混合模型结构设计偏于安全。

1.2.1.2 输电铁塔风荷载作用下的静力和动力特性研究

输电铁塔承受的竖向荷载有塔体、导线、地线、绝缘子、金具自重和覆冰荷载,水平荷载有风荷载、断线荷载、地震荷载及施工检修引起的导线和地线的水平拉力。作为一种高耸空间杆系结构,铁塔的高度与横向尺寸比相对较大,所以风荷载对输电铁塔的受力有主导性影响。风荷载作用下输电铁塔倒塔断线事故时有发生,因此加强输电线路塔线体系的抗风研究,深入了解输电铁塔的抗风特性,并进行输电铁塔的合理化抗风设计具有重要的意义。目前,国内外学者已在输电塔风荷载和风致响应研究方面进行了大量的研究,研究的主要方法包括理论分析、有限元模拟、试验研究和现场实测。

(1) 理论分析

张勇[9]介绍了近年来我国输电线路在台风、飑线风以及龙卷风下所造成的破坏,分析了我国输电线路风致倒塔频发的原因,提出了输电线路风灾防御的对策。李春祥[28]从输电塔线体系的分析模型、动力特性、风致动力响应、风致振动控制等几个方面,对输电塔线体系抗风设计理论的发展进行了综述。邹启才[29]介绍了高压输电线塔体系风致振动的研究内容和现状,从风振研究对象、风振机理和风振分析方法三方面探讨了线塔体系风振研究发展现状和面临的问题,并对未来的研究趋势进行展望。

Battista 等[30]采用频域法分析输电塔线的动力特性和稳定性,分别采用 SRSS 法和 CQC 法计算结构的响应。安旭文等[31]对比分析了国内外 4 套有代表性的输电线路结构规范的风荷载标准值。结果表明:我国输电线路铁塔结构的风荷载标准值普遍低于国外规范。何平等[32]介绍了 1 种评估风载作用下耦合输电线路铁塔动态特性的方法。秦力等[33]基于首次超越破坏机制,以顶点位移为控制变量,分别利用 Poission 过程与 Vanmercke 法计算了输电塔在不同重现期、不同安全限制的一次强风下的动力可靠度,再据此计算了输电塔基准期内的动力可靠度。王锦文等[34]研究了边界层近地风和下击暴流风两种风场下结构不同高度截面抗风能力的验证方法。汪大海等[35]针对悬垂绝缘子与直线塔连接的导线,按照悬索连续体系推导了风致动态张力的解析表达式,计算了动张力响应。谢强等[36]验证了由汪大海提出的导线动张力模型的有效性。熊铁华等[37]借鉴优化准则法的基本原理,以基本风压为控制量,建立了寻找输电铁塔主要失效模式的方法,研究了铁塔在顺风向、横风向风荷载同时作用下的失效模式及其极限基本风压。

(2) 有限元模拟

Yasui 等[38]为检验不同支撑条件下(自立式和拉线式)输电塔线体系风振响应的差别,将输电塔简化为梁或桁架单元,将导线与绝缘子简化为桁架单元,在时域内分析了体系的动力响应特性。Momomura[39]和 Okamura[40]中根据风致振动数据和数值分析,研究了建在山区输电塔的动态特性。肖琦等[41]用 ANSYS 对输电塔与节点进行非线性有限元模拟分析,分析了输电塔在风荷载作用下的薄弱位置,提出了采用组合角钢提高输电塔整体刚度与承载力的方法。肖琦[42]、谢强[43-44]利用 ANSYS 软件研究了在不同横隔面设置方式下 500 kV 输电塔线耦联体系的风致动力响应、铁塔结构的模态以及抗风内力与变形。研究结果表明:在输电塔设计中合理设置横隔面,可以进一步提高输电塔的抗风性能,目前高压输电塔抗风设计规范中的横隔面设置方法有待改进。冯炳等[45]采用有限元分析的方法,并结合显式积分法的特点,研究了时域内 500 kV 跨越高塔结构的风致响应和风振系数。

（3）试验研究

N. Prasad Rao 等[46-47]在金奈的结构工程研究中心进行了一系列输电线塔的足尺试验,观察到塔不同类型的过早破坏,详细研究了破坏产生的原因,并采用 NE-Nastran 软件对弹塑性塔进行建模,将分析、试验结果与各种规范规定进行对比。Alam 和 Santhakumar[48]进行了一个 220 kV 输电铁塔的静载试验,发现塔腿构件和横担底部构件的屈曲导致输电塔的毁坏。Byoung-Wook Moon[49]对一个 1/2 缩尺的输电铁塔子结构进行了试验,评估了现有输电塔遭受风荷载时的破坏模式。Albermani 等[50]提出增加隔板等改装方法约束输电塔每个面的平面外变形,并将试验结果与数值模拟结果进行对比分析。Yan Zhuge 和 Julie E. Mills[51-52]提出了加固输电铁塔主材的方法,并进行了试验研究,研究表明该方法能有效提高输电铁塔的承载能力。

谢强等[53]以风灾中遭到破坏的代表性 500 kV 输电塔为原型,设计制作了典型塔段的缩尺结构模型,进行了等效风荷载作用下的静力加载破坏全过程试验,研究了强风荷载作用下高压输电塔结构的抗风极限承载力和破坏机理。谢强等[54-56]通过气弹模型风洞试验,分析了导线不同位置动应变响应的分布规律和功率谱变化,研究了特高压输电塔架和输电塔—线耦联体系的横风向风振响应特点,揭示了多分裂导线整体阻力系数的变化规律、输电塔线耦联体系的风荷载传递机制和高压输电塔—线系统的动力特性和风振响应特点。梁枢果等[57]基于风洞试验数据,建立了格构式塔架的一阶振型广义风荷载谱解析模型。张勇等[58]以 1 000 kV 特高压同塔双回输电线路为原型,进行了模拟覆冰条件下五塔四线气弹模型的大型风洞试验。研究结果表明:在覆冰工况下,需要合理考虑脉动风对覆冰塔线耦联体系的动力作用。

（4）现场实测

现场实测是研究输电塔风振响应最直接的方法,主要记录特定结构类型、特定气候环境和特定地貌条件下的风致响应,但实测需要花费大量的人力和物力,成本非常高。Ballio[59]对某 108.6 m 高的输电塔进行实测,发现输电塔的横风向响应和顺风向响应为同一个数量级,且横风向响应略大于顺风向响应。Glanville 等[60]对某微波塔进行了风振实测,发现横风向响应和顺风向响应为同一个数量级。李杰等[61]给出了台风“韦帕”经过时风致输电塔振动的实测结果,采集了输电塔横担和塔头塔身连接处垂直线路方向的振动加速度,识别了输电塔第 1、2 阶模态的自振频率和阻尼比。何敏娟等[62]以江阴输电塔为工程背景,进行了加速度的实测,获得了输电塔的频率、振形和阻尼比。

1.2.2　采动区输电铁塔抗地表变形性能及保护技术研究现状

目前,采动区建（构）筑物的抗地表变形性能及保护技术研究主要集中在普通的砖混、框架结构等建筑结构中,而铁塔是一种底面积小而高度大的构筑物,并且铁塔结构上有导（地）线连接组成送电线路,与普通的砖混、框架等结构特性存在明显差异,因此普通建筑物的研究成果不一定适用于铁塔结构,需要对采动区高压输电铁塔的抗地表变形性能及保护技术进行深入研究。但是,目前国内外对采动区输电铁塔抗地表变形性能及保护技术的研究较少,主要侧重于高压输电线塔下采煤的工程实践研究、采动区地表变形对高压输电铁塔结构的影响规律研究、采动区输电铁塔基础的抗变形性能及抗变形基础研究和采动区输电铁塔变形治理技术研究。

1.2.2.1 高压输电线塔下采煤的工程实践研究

就煤炭行业来讲,我国主要进行了地表沉陷和变形控制、高压线塔的监测和维修措施研究,并进行了大量的高压线塔下采煤的工程实践。

在"三下"压煤开采及地表减沉技术研究领域,波兰和苏联等国在世界上处于领先地位。美国弗吉尼亚州的 Island Creek 煤炭公司进行过 1 例高压线塔下采煤的工程实例,采用注浆充填技术对采空区地表沉陷和变形进行控制[63];R. W. Bruhn 等研究了钢结构高压线塔对地表移动的响应情况[64]。澳大利亚将高压线塔作为地表重要特征物之一对其采动影响情况进行了调查与分析[65]。

我国开采沉陷的研究工作起始于 20 世纪 50 年代,经过多年的研究和实践,目前已形成几种主要的采动区地表减沉技术:留设保护煤柱、条带开采、限厚开采、房柱式开采、充填开采、覆岩离层注浆开采、协调开采方法等。采用预留煤柱、条带开采等部分开采技术措施确实能有效减小地面沉陷对地表建筑物的危害,但缺点是会损失大量的煤炭资源和严重影响煤矿井下开拓布局,降低煤矿生产效率。采用协调开采技术对减小地表变形是有效的,但在生产管理上有一定的困难,有时还不能付诸实现,我国应用不多。此外,在多个煤层或多个分层协调开采时,常使地表下沉速度增加,对保护建筑物也是不利的。覆岩离层注浆充填后地表减沉效果明显,地表减沉率可达 50%～70%,但该技术并不普遍适用于所有矿区。文献[66]提出覆岩离层注浆、矸石充填和条带开采是我国"三下"压煤开采及地表减沉技术的发展方向。

在高压线塔的监测和维修措施研究方面,山西阳泉矿区在 20 世纪 80 年代曾对 110 kV 高压电塔下采煤进行了开采试验,采用井下分层冒落开采和地面维修等手段,保证了电塔的安全[67]。黄福昌等[68]较为系统地进行了高压输电线路下综放开采变形分析与治理技术研究,成功地从兖州矿区多条高压线路下采出煤炭 669.2 万 t。河北金牛能源股份有限公司邢台矿张联军[8]等采取限厚开采等措施,并通过建立观测站观测,成功地进行了铁塔下采煤。龙口洼里煤矿张文等[69]通过对龙口洼里煤矿 220 kV 高压线路的监测,初步提出了铁塔的移动规律,采取降低采高、均匀推进、使铁塔受力均匀的方法,成功进行了高压线铁塔下采煤。郑煤集团金龙煤矿采取适当限厚、匀速开采并通过现场加强监测等措施成功地将放顶煤开采 21081 工作面推过了 220 kV 高压线铁塔[70]。神华能源股份有限公司祁连塔煤矿在千万吨综采 31401 工作面回采初期对地表高压输电线路进行加固施工,保证了 220 kV 高压线路铁塔在采煤过程中的安全运行[71]。

综上所述,目前煤炭行业对高压输电线塔下采煤已进行了大量的工程实践,但未形成成熟的研究成果。已有的研究成果还需要经过现场检测等进一步的验证。在已有的工程应用中,相应技术措施的有效性,缺乏系统的监测,也没有相应的评价机制。

1.2.2.2 采动对高压输电线路及铁塔的影响研究

输电线路由铁塔、导线等多种元件构成的特殊构筑物,采用柔性电线连接各铁塔,铁塔直接与地面接触,具有基础底面积小、高度大的特点,导线将各铁塔连起来,延伸长度大,但并不与地面直接接触。输电线路既具有高耸建(构)筑物的特点又具有线性建(构)筑物的特点,因此高压输电线路具有结构的特殊性,这就导致开采沉陷引起的高压输电线路采动变形规律有其自身的特点。

煤炭从地下采出后,其上方覆盖岩层失去支撑,岩体内部的原有应力平衡状态受到破坏,引起岩体内应力的重新分布,达到新的平衡。在此过程中,岩层和地表产生连续的移动、变形和非连续的破坏,形成沉陷区[72]。地下开采对地表的影响主要有垂直方向的移动和变形(下沉、倾斜、弯曲)、水平方向的移动和变形(水平移动、拉伸和压缩变形)等。开采沉陷产生的地表变形将直接对输电线路铁塔的基础、挡距和高差产生影响,并进一步引起输电线路其他构件的变形和运行参数变化,从而危及输电线路安全运行。

针对采动对高压线路及铁塔变形的影响,成枢等[6]对济三煤矿工作面回采中高压输电线杆倾斜进行实地观测与理论分析,得出地表倾斜与高压线杆倾斜之间的定量关系式。张联军等[8]通过对铁塔观测站观测资料的分析,总结出铁塔移动与变形的规律,结果表明:铁塔对倾斜最敏感,应尽可能减少倾斜对铁塔的影响。王秀格等[73]针对煤矿采空区与地表输电铁塔的不同位置情况,应用有限差分软件 FLAC3D 分析了地下采空区与地表铁塔地基基础之间相互作用与相互影响的情况。李逢春等[74]基于斜抛物线模型,导出了开采沉陷影响下高压架空输电线路近地距离的计算方法。袁广林等[75-81]采用概率积分法对煤矿开采后的地表移动和变形进行了预计,采用数值分析方法研究了地表变形对铁塔结构内力和变形的影响规律,并对位于沉陷区输电线路的安全性进行了评估。刘涛[82]、刘林[83]、王鑫[84]和张先扬[85]分别针对直线输电铁塔的抗变形性能、转角塔的抗变形性能、输电铁塔与地基基础协同作用性能进行了数值模拟和比例模型试验,在地表变形与铁塔内力之间关系、基础的抗变形性能等方面取得了初步的成果。陈卫明[86]、孔伟[87]通过 ANSYS 有限元软件,研究了采动过程中塔—线体系内力和变形变化规律。孙冬明[88]建立了塔—线体系的有限元计算模型,考虑工作面的布置方式,对铁塔导线的应力、弧垂、杆件内力、支座反力和铁塔顶部综合位移进行了系统分析,对塔—线体系进行了安全评价。郭文兵[89]建立了地基、基础和输电铁塔结构协同作用力学模型,该模型能较好地描述了采动影响下高压线铁塔移动变形特征,可以计算采动影响下高压线路铁塔的移动变形及附加应力,为系统研究采动影响下高压线铁塔变形和破坏规律提供了理论依据。

1.2.2.3　采动区输电铁塔基础的抗变形性能及抗变形基础研究

研究采动区输电铁塔的抗变形性能及抗变形基础可以减少或避免采用改变输电线路路径或回填、固化采空区等不经济的改造处理措施,具有显著的经济效益。目前,我国学者在此领域已进行了一些研究,并取得了一些研究成果。

舒前进[90]以典型的 500 kV 单回路输电铁塔的复合防护板基础为研究对象,对不同板厚复合防护板基础的抗采动变形性能进行了研究,并引入"保护作用"的概念,对独立基础和复合防护板基础的抗变形性能进行了分析。研究结果表明:复合防护板基础可以大大减小铁塔支座水平位移和上部结构的应力,是一种较理想的抵抗采动地表变形的技术措施,建议复合防护板的厚度取铁塔基础长向根开的 1/45~1/35。杨风利[91]、舒前进[92-93]针对采煤沉陷区特高压和超高压输电铁塔不同工况下的极限基础位移进行了研究,并对输电铁塔的安全性进行了评价。孙俊华[94]对输电线路路径的选择、线路耐张段的确定、铁塔选型和基础选型进行了研究,并对铁塔基础设计所采取的措施提出了建议。查剑锋等[95]提出了高压输电线路的变形控制和安全防护措施,如杆塔基础和结构补强,改造分裂基础为联合基础,增加拉线提高杆塔稳定性等。秦庆芝等[4]基于采动影响区铁塔基础设计相关技术、地基稳定性评价、逐基塔位地基变形量化分析和计算比较专题研究,确定了煤矿采动影响区铁塔基础设计的原则、合理可行的基础型式和设计方案。史振华[96]分析了采空区输电线路直线自立塔的基础沉降及杆塔变形情况,并探讨了几种可行的处理方案:改线、基础带电复位、带电扶正塔身、将分裂式基础改为联合式基础和带电提升,加固原基础。代泽兵[97]通过有限元计算研究了板式基础和桩基础在采动影响下的工程特性和不同基础方案在煤矿采空区地段应用的可行性,从杆塔结构、杆塔基础方案、杆塔与基础连接部位的纠偏、带电加固与提升、地基处理、采空区治理等方面都提出了能够提高采空区输电线路稳定性的技术措施。赵海林等[3]介绍了乌海地区采空区铁塔基础加固的三种方法——平板槽台井字梁可调基础加固、板式平台地脚螺栓纠偏基础和巷道内加固,并对其进行了技术经济比较。张建强等[98]开发了两套采空区上输电铁塔改造加固技术:可调式联体混凝土井字梁基础改造加固技术和可调整井字钢梁基墩架构改造加固技术。刘志强等[99]对双回 220 kV 线路穿越神东煤矿采空区域时的路径选择做了客观科学的分析、论证,采用整体连续可调基础直接穿越煤矿采空区方案。该工程在全世界第一次把 220 kV 高压输电线路直接布置于大变形采空区上,并能随时调整塔体形态,确保线路永久安全运行。

1.2.2.4 采动区输电铁塔变形治理技术研究

高压输电铁塔是高耸构筑物,地表不均匀沉陷很容易引起铁塔的倾斜,铁塔的倾斜增加了基础和铁塔的倾覆力矩,危及铁塔结构的屈曲承载力。为了确保输电线路在采动区地表不均匀沉陷情况下的安全运行,国内外学者除了研究输电铁塔抗地表变形能力外,同时对采动区承受地表沉陷的输电铁塔的变形治理技术进行了研究。目前采动区输电铁塔的变形治理技术主要有以下几种[100-105]:

(1)增加临时拉线

在工作面回采前,在铁塔预计倾斜反方向增设拉线,且在拉线上增加可调拉线金具,在地表变形过程中,通过可调金具的调节作用来抵消或减小开采引起的变形对高压输电线路的损害。

(2)带电扶正塔身

若采空区活跃期或沉降量不大、水平位移在规定以内时,可采用带电扶正铁塔,加长地脚螺栓,塔脚板与基础立柱之间的间隙通过铺垫钢板便可扶正塔身。当采用加长地脚螺栓不能满足运行要求时,可采用更换塔脚板的方法来调整铁塔,根据地基(基础)最大下沉量设计加长塔脚板,然后利用替换法将原塔脚板换掉。其优点为工期短、投资小、易变化,是沉降活跃期的最佳的临时处理方案。

(3)基础带电复位

若输电线路处于相对稳定期的采空区,且其塔基变形在规程允许范围内时,可对其输电线路塔基作基础带电复位:采用液压千斤顶将基础提升,垫平提升后再复位铁塔。该方案不停电、投资小、工期短,但其安全措施复杂,处于相对稳定期的采空区,地表仍有小的变化,杆塔内部还将产生应力。

(4)基础改造

在沉降区进入相对稳定期后,原线路路径和塔形不变,重新定杆位,将分裂式基础改为联合式基础。联合式基础抗不均匀沉降能力强,适用于浅埋,即使地表有小的变化,杆塔及基础也只是做刚体移动和转动,很少危及杆塔结构。此方法不停电,但工期长、投资大且不能二次改造。

(5)改线

当监测塔位地表变形超过规程允许值,则需采取改线措施,与地质和矿务局等有关部门联系,确定改线方案,彻底避开采空区。但是,原沉降段线路报废,新建线路投资巨大,工期长,造成线路连接时停电。

采动区输电铁塔的变形治理是较为复杂的系统工程,虽然变形治理方案有很多,但方案的选取不能一概而论,任意套用,需要进行必要的现场调查、监测,认真分析研究铁塔发生倾斜的原因,根据原因确定经济合理的纠偏方案,必要时需要结合使用2~3种不同的方案,实施综合治理。

1.3 目前存在的问题

从上述研究现状可知,我国目前在输电铁塔结构计算方法、抗风性能研究及采动区高压输电铁塔抗地表变形性能及保护技术研究领域已取得了一些研究成果,这些研究成果为输电线路的安全运行提供参考依据,为采动区高压输电铁塔抗地表变形性能的进一步研究奠定了坚实的基础。现有研究存在以下不足:

(1)目前关于采动区输电铁塔抗地表变形性能和抗风性能的研究主要以数值模拟为主,物理模型试验相对较少。

(2)已有学者对高压输电铁塔的抗风性能和采动区输电铁塔的抗地表变形性能分别进行了研究,但针对不同电压等级输电铁塔的抗地表变形性能缺乏系统性研究,尚未开展采动区承受地表变形后输电铁塔的抗风性能研究。

(3)复合防护板基础在采动区输电线路工程中已有许多应用,但学者仅对500 kV输电铁塔复合防护板基础的抗变形性能进行了研究,而对110 kV输电铁塔复合防护板基础抗变形性能的研究尚未见文献报道。

(4)110 kV输电铁塔复合防护板基础的防护板厚度对输电铁塔破坏形态、杆件应力变化的影响规律研究尚未开展,防护板厚度的选取缺乏理论依据。

(5)在输电铁塔抗变形性能的研究中,输电铁塔本身的节点、杆件、计算模型等均存在一些问题,如ANSYS分析中如何考虑节点滑移、节点简化等对计算结果的影响。

(6)目前国内外学者对煤矿采动区高压输电线路的安全性越来越关注,对采动区输电铁塔的安全性评价方法进行了研究,但均是针对某一具体工程或某一塔型进行,不够系统和深入。

1.4 研究内容和技术路线

1.4.1 研究内容

根据国内外的研究现状及存在的问题,确定本课题的研究内容如下:

(1)输电铁塔支座位移加载模型试验研究

以110 kV典型1B-ZM3塔为原型,对正常运行工况(仅考虑自重)和风荷载工况(风速分别为 15 m/s 和 30 m/s)下的输电铁塔进行局部相似模型支座位移加载试验,获得输电铁塔杆件应力、变形与支座位移值之间的关系,研究地表变形对输电铁塔的影响规律和风荷载对输电铁塔抗地表变形性能的影响规律,并将试验结果与有限元分析结果进行对比分析,验证数值模拟的可靠性。

(2)输电铁塔抗地表变形性能的有限元模拟研究

利用 ANSYS 软件建立输电铁塔有限元模型,获得铁塔在不同地表变形工况(11 种单独地表变形和 10 种复合地表变形工况)下的破坏形态、杆件应力和极限支座位移值,研究单独地表变形和复合地表变形对输电铁塔受力和变形的影响规律。

(3)输电铁塔基础抗地表变形性能的有限元模拟研究

采用 ANSYS 软件建立输电铁塔—基础—地基协同作用的整体有限元模型,研究正常运行工况下独立基础和复合防护板基础在四种典型单一地表变形作用下(地表水平拉伸、水平压缩、正曲率与负曲率)的抗地表变形性能,分析复合防护板基础的防护板厚度对上部铁塔结构受力和变形的影响规律,并对其厚度的合理取值提出建议。

(4)采动区输电铁塔抗风性能的有限元模拟研究

采用 ANSYS 有限元模拟方法,进行不同地表变形作用下输电铁塔的抗风性能研究,获得了不同地表变形和风荷载作用下铁塔的破坏形态和抗风极限承载力,研究地表变形对输电铁塔抗风性能的影响规律,提出采动区输电铁塔抗风极限承载力的预计模型。

1.4.2 技术路线

为了达到上述预定的研究目标,本课题采用 ANSYS 有限元数值模拟和模型试验相结合的方法对采动区输电铁塔的抗变形性能进行研究,具体的技术路线为:

(1)通过对输电铁塔进行局部相似模型支座位移加载试验和 ANSYS 有限元数值模拟,研究 110 kV 输电铁塔在正常运行工况(仅考虑自重)和风荷载工况下的抗地表变形性能和风荷载对输电铁塔抗地表变形性能的影响规律,并与有限元计算结果进行对比,验证数值模拟的可靠性。

(2)利用 ANSYS 有限元软件建立输电铁塔结构有限元模型,研究输电铁塔结构在不同地表变形工况下的抗地表变形性能。

(3)利用 ANSYS 有限元软件建立考虑输电铁塔—基础—地基协同作用的整体有限元计算模型,研究独立基础和复合防护板基础的抗地表变形性能以及复合防护板厚度对上部铁塔结构受力和变形的影响规律,并对其厚度的合理取值提出建议。

(4)利用 ANSYS 有限元模拟方法,获得输电铁塔承受不同地表变形后在风荷载作用下的破坏形态和抗风极限承载力,研究地表变形对输电铁塔抗风性能的影响规律。

(5)基于以上研究得出的成果,为采动区输电铁塔的安全性评价提供依据,为采动区输电铁塔抗地表变形和抗风性能的进一步研究提供参考。

2　正常运行工况下铁塔支座位移加载模型试验研究

2.1　试验目的

以 110 kV 典型 1B-ZM3 自立式单回路直线塔为原型,设计制作铁塔局部相似模型,对正常运行工况(仅考虑自重)下的输电铁塔结构进行局部相似模型支座位移加载试验,获得输电铁塔在地表变形作用下的破坏形态和杆件应力、变形与支座位移之间的关系,研究地表变形对输电铁塔的影响规律;分析局部相似模型试验结果与数值模拟分析结果之间的符合程度,验证数值模拟的可靠性。

2.2　局部相似模型设计

2.2.1　输电铁塔原型

本试验输电铁塔的原型为 110 kV 典型 1B-ZM3 自立式单回路猫头型直线塔,塔总高 26.7 m,呼高 21.0 m,垂直线路方向根开 4.035 m,沿线路方向根开 3.125 m,其结构如图 2-1所示。

2.2.2　局部相似模型设计及制作

2.2.2.1　局部相似模型确定

本书研究的 1B-ZM3 直线塔总高为 26.7 m,呼高为 21.0 m,限于实验室实际条件,本书进行局部相似模型试验。

在确定输电铁塔局部模型高度前,首先采用 ANSYS 有限元软件对原型输电铁塔进行分析,确定地表变形对输电铁塔影响的范围。有限元分析结果表明,在水平地表变形情况下,铁塔底部的杆件受地表变形影响相对较大。随着高度的增加,上部杆件所受影响逐渐变小,尤其是第三交叉斜材以上部分受地表变形影响则小很多。综合考虑数值模拟结果、模型材料选取和实验室加载条件,输电铁塔局部模型选取塔腿段至第二横隔处(图 2-1 中虚线框),模型几何相似比例取为 1:2。局部相似模型如图 2-2 所示。

2.2.2.2　相似理论推导

输电铁塔局部相似模型根据轴向应力相等原则 $\sigma_p = \sigma_m$(下标 p 为原型塔,m 为模型塔)进行相似理论的推导,则有:

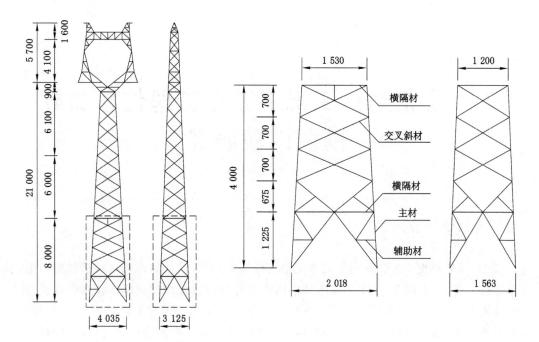

图 2-1 1B-ZM3 输电铁塔结构原型示意图　　　　图 2-2 局部相似模型示意图

$$\sigma = \frac{F}{A} = \frac{F_{\mathrm{m}}}{A_{\mathrm{m}}} = \frac{F_{\mathrm{p}}}{A_{\mathrm{p}}} \tag{2-1}$$

$$c = \frac{F_{\mathrm{m}}}{F_{\mathrm{p}}} = \frac{A_{\mathrm{m}}}{A_{\mathrm{p}}} = \left(\frac{l_{\mathrm{m}}}{l_{\mathrm{p}}}\right)^2 \tag{2-2}$$

输电铁塔局部相似模型的相似常数见表 2-1。

表 2-1　　　　　　　　　　　　　　　试验模型相似常数

类型	物理量	物理量符号	量纲	相似常数
材料	钢材应力	σ	FL^{-2}	1
	钢材应变	ε	—	1
	钢材弹性模量	E	FL^{-2}	1
几何特性	长度	l	L	1/2
	线位移	x	L	1/2
	截面面积	A	L^2	1/4
荷载	集中力	P	F	1/4
	力矩	M	FL	1/8

2.2.2.3　局部相似模型的可靠性验证

采用 ANSYS 有限元软件分别建立输电铁塔局部相似模型与原型的梁桁混合模型,分析输电铁塔局部相似模型与原型的有限元计算结果的吻合程度。为了弥补上部塔段对局部相似模型顶部的约束作用,采用将第二横隔内的杆件全部采用梁单元来加大局部相似模型顶部的约束,以便更准确地模拟上部结构刚度对下部结构的影响。

限于篇幅,这里仅以垂直线路方向双支座水平拉伸工况为例,对铁塔局部相似模型与原型的有限元计算结果进行分析对比。在进行分析对比时,根据相似理论将局部相似模型的数据等效转换为原型的位移和内力。图 2-3 为局部缩比塔和原型整塔在垂直线路方向双支座水平拉伸作用下的变形图。由图 2-3 可知,局部缩比塔和原型整塔在垂直线路方向双支座水平拉伸作用下的变形形式基本相同,均为垂直线路方向面第一交叉斜材发生平面外弯曲。变形主要集中在第一横隔附近,靠近第二横隔处杆件基本没有发生变形。

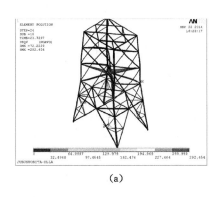 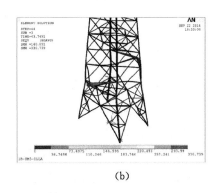

(a)   (b)

图 2-3　垂直线路方向双支座水平拉伸变形图(放大 10 倍)
(a) 局部缩比塔变形图;(b) 原型整塔变形图

图 2-4 为局部缩比塔和原型整塔在垂直线路方向双支座水平拉伸作用下关键杆件轴力与支座位移的关系曲线。由图 2-4 可知,局部缩比塔和原型整塔在垂直线路方向双支座水平拉伸作用下关键杆件轴力与支座位移的关系曲线非常接近,其线性阶段的曲线基本重合;铁塔局部相似模型和原型在垂直线路方向双支座水平拉伸作用下的极限支座位移分别为 28.00 mm 和 29.73 mm,两者仅相差 5.82%,极限支座位移对应的关键杆件最大轴力相差均在 10% 以内。综合上述结果可得,铁塔局部相似模型和原型具有良好的相似性,采用输电铁塔局部相似模型试验的方法对正常运行工况下输电铁塔的抗地表变形性能进行研究具有较高的可靠性。

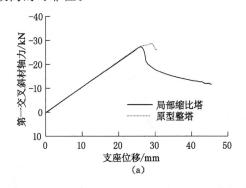 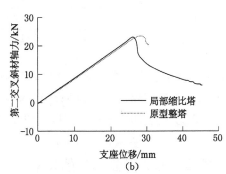

(a)   (b)

图 2-4　关键杆件轴力与支座位移的关系曲线
(a) 第一交叉斜材轴力与支座位移的关系曲线;(b) 第二交叉斜材轴力与支座位移的关系曲线

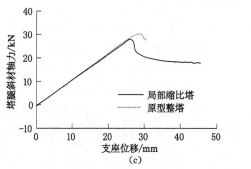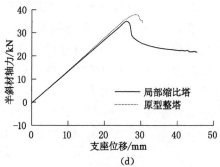

续图 2-4 关键杆件轴力与支座位移的关系曲线

(c)塔腿斜材轴力与支座位移的关系曲线;(d)半斜材轴力与支座位移的关系曲线

2.2.2.4 局部相似模型制作

根据相似理论,试验模型的杆件截面面积应为输电铁塔原型的 1/4。由于缺乏满足相似条件的热轧型角钢标准试件,本试验模型主材采用国标热轧型等边角钢,除主材外的交叉斜材、横隔材和辅助材均采用定制冷弯角钢。主材热轧型角钢牌号为 Q345,f_y = 345 N/mm²,定制冷弯角钢及节点板采用的钢板牌号均为 Q235,f_y = 235 N/mm²。钢材弹性模量为 2.06×10^5 N/mm²,泊松比为 0.3。输电塔原型和模型的截面特性如表 2-2 所示。

表 2-2   **输电铁塔原型和模型的截面特性**

杆件类型	输电铁塔原型		试验模型	
	截面尺寸/(mm×mm)	截面面积/mm²	截面尺寸/(mm×mm)	截面面积/mm²
主材	L90×7	1 230	L40×4	309
横隔材	L56×4	439	L28×2	112
斜材	L50×4	390	L25×2	100
	L45×4	349	L23×2	92
	L40×3	236	L20×1.5	60
辅助材	L40×3	236	L20×1.5	60

注:表中L40×4 为国标热轧型角钢,其余均为冷弯角钢。

为了避免试验过程中螺栓发生破坏,模型中的螺栓采用 8.8 级 M8 镀锌螺栓代替原型中的 4.8 级 M16 镀锌螺栓。螺栓采用量程为 5~25 N·m 的希特 KT-025 扭矩扳手拧紧(图 2-5),拧紧力矩为 18 N·m。试验模型加工和制作均由徐州电力公司铁塔制造专业厂家完成,制作完成的铁塔试验模型如图 2-6 所示。

2.2.3 局部相似有限元模型的建立

为了验证数值模拟的可靠性,采用 ANSYS 有限元软件建立铁塔局部相似有限元模型,其尺寸及杆件规格均与试验模型一致。

为了减小角钢材性能对有限元模拟结果的影响,模拟中角钢的屈服强度根据《金属材料

图 2-5　扭矩扳手　　　　　　　　　　　图 2-6　铁塔试验模型

拉伸试验 第一部分:常温试验方法》(GB/T 228.1—2010)[106]规定的拉伸试验实测得到。拉伸试验在中国矿业大学深部岩土力学与地下工程国家重点实验室进行,试验装置采用MTS 材料试验系统,如图 2-7 所示。热轧型角钢试件取自同批次角钢肢宽处,冷弯角钢试件取自同批次相同厚度的钢板,共 3 组,每组试件为 3 个,如图 2-8 所示。

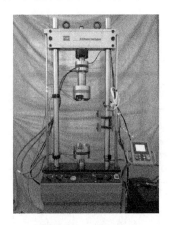

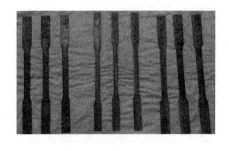

图 2-7　试验装置　　　　　　　　　　　图 2-8　试验取样试件

　　图 2-9 为拉伸试验得到的热轧角钢∟40×4 的应力—应变曲线。各规格角钢的屈服强度实测值如表 2-3 所示。

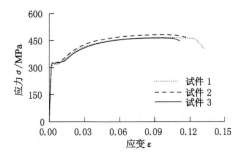

图 2-9　∟40×4 热轧角钢应力—应变曲线

表 2-3		角钢屈服强度实测值			MPa	
试件编号	热轧型角钢L_40×4		肢厚 2 mm 冷弯角钢		肢厚 1.5 mm 冷弯角钢	
	屈服强度	平均值	屈服强度	平均值	屈服强度	平均值
试件 1	320.9		309.2		309.1	
试件 2	325.0	323.3	309.1	309.2	315.4	313.1
试件 3	324.0		309.4		314.8	

2.3 荷载及支座位移工况

2.3.1 荷载工况

作用在输电铁塔上的荷载主要有风载、冰雪载荷、地震载荷及导线与铁塔的自重载荷等,1B-ZM3 输电铁塔正常运行情况下的设计荷载根据《国家电网公司输变电工程典型设计(110 kV 输电线路分册)》[107]确定,如表 2-4 所示。

在正常运行情况下,输电铁塔大部分时间处于正常运行工况(15 ℃,无风,无覆冰),因此本研究选择正常运行工况作为试验荷载工况。

表 2-4		荷载表		N
气象条件(气温/风速/覆冰厚度)		最大风速	最大覆冰	正常运行
		−5/30/0	−5/10/10	15/0/0
水平荷载	导线	4 915	1 530	0
	绝缘子及金具	337	337	0
	地线	3 098	1 194	0
垂直荷载	导线	6 964	13 710	6 964
	绝缘子及金具	1 182	1 359	1 182
	地线	5 977	11 976	5 977
	输电铁塔自重		27 979	

注:表中正常运行工况是指气温为 15 ℃ 且不考虑风荷载和覆冰荷载,即仅考虑自重。

2.3.2 支座位移工况

输电铁塔处于采动区的不同位置时,采动区地表不均匀沉降将导致铁塔发生不同类型的支座位移。支座位移的方向和产生位移的支座数量组合产生的支座位移工况很多。本课题组已进行 220 kV 直线跨越塔在正常运行工况下的沿线路方向双支座水平拉伸、压缩、单支座竖向下沉和 220 kV 转角塔在最大覆冰工况下的双支座水平拉伸、单支座竖向下沉支座位移加载试验。基于本课题的研究现状,本研究选择垂直线路方向双支座水平拉伸与双支座水平压缩作为试验支座位移工况。

2.4　试验加载及量测

2.4.1　试验加载方案

2.4.1.1　结构等效竖向荷载加载方案

正常运行工况下,输电铁塔局部相似模型仅受到上部塔段及塔头、导线、地线、绝缘子和金具传递的竖向重力荷载。本试验铁塔局部相似模型的竖向荷载采用钢丝绳悬挂钢砝码的方法在试验模型顶部四点进行加载,经计算每点加载 3 430 kN。由于试验模型塔腿内部的加载空间有限,因此设计制作了型钢平台作为竖向荷载加载平台,确保竖向荷载加载的顺利和安全。结构等效竖向荷载加载如图 2-10 所示。

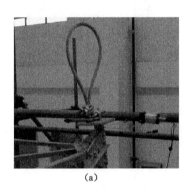
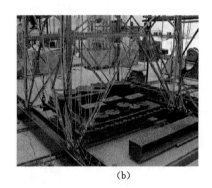

(a)　　　　　　　　　　　　　　　　(b)

图 2-10　结构等效竖向荷载加载图

(a)塔顶竖向加载钢丝绳固定方法;(b)竖向荷载加载平台

2.4.1.2　支座位移加载方案

本试验支座位移工况为垂直线路方向双支座水平拉伸和双支座水平压缩,支座位移加载采用 H 型钢组成的自制试验平台。输电铁塔试验模型塔脚与 H 型钢采用 4 个高强螺栓连接固定,如图 2-11 所示。支座位移加载试验平台全貌如图 2-12 所示。

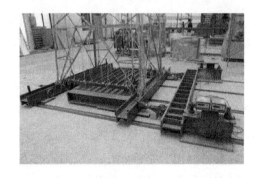

图 2-11　塔脚板与 H 型钢连接图　　　　图 2-12　支座位移加载试验平台全貌图

将两个千斤顶布置在两个 H 型钢梁中间,一侧 H 型钢采用地脚螺栓固定,作为固定端,另一侧 H 型钢即可在千斤顶作用下进行平移,这样即可实现对铁塔局部相似模型施加双支座水平拉伸位移。为了确保千斤顶加载端传感器测得的铁塔支座反力更接近实际,在活动的 H 型钢梁下放置钢滚轴,减小 H 型钢梁在平移过程中与地面的摩擦力。垂直线路方向双支座水平拉伸加载示意图如图 2-13 所示。

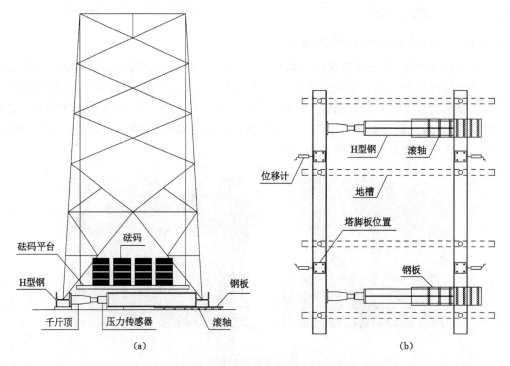

图 2-13 垂直线路方向双支座水平拉伸加载示意图

(a) 正立面图;(b) 平面图

为了对铁塔局部相似模型施加垂直线路方向双支座水平压缩位移,将千斤顶布置在活动 H 型钢外侧,并在活动 H 型钢外侧布置一个固定的大钢梁作为反力梁,为千斤顶提供反力。垂直线路方向双支座水平压缩加载示意图如图 2-14 所示。

2.4.2 量测内容及方案

本试验量测内容主要包括铁塔模型支座位移、塔顶位移、杆件应变和支座反力。

2.4.2.1 铁塔模型支座位移

铁塔局部相似模型支座位移采用 YHD-200 型位移计进行测量,沿支座位移加载方向(垂直线路方向)布置,每支座处布置 1 个,总计 4 个,用于监测试验过程中支座沿地表变形方向的水平位移变化情况。铁塔一侧支座处位移计布置如图 2-15 所示。

2.4.2.2 铁塔模型顶部水平位移

铁塔局部相似模型顶部水平位移采用 DH801-750 型拉线式位移计进行测量,塔顶各个角点沿支座位移加载方向和垂直支座位移方向各布置 1 个,总计 8 个,用于监测塔顶 4 个角点在试验过程中的水平位移变化情况。拉线式位移计通过架设钢管脚手架固定,单角点位移计布置如图 2-16 所示。

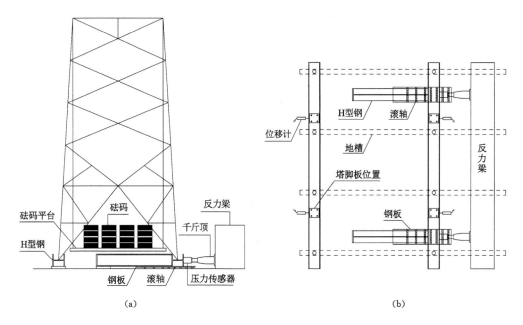

图 2-14   垂直线路方向双支座水平压缩加载示意图
(a) 正立面图；(b) 平面图

图 2-15   铁塔一侧支座处位移计布置图   图 2-16   塔顶单角点拉线式位移计布置图

2.4.2.3   铁塔模型结构杆件应变

铁塔模型结构中杆件的应变通过粘贴 BX120-3AA 电阻应变片量测。应变片测点位置布置如图 2-17 所示，总计 174 个。图 2-17 中主材上黑色填充的测点表示在该测点位置布置 3 个应变片，分别在角钢两肢外侧外边缘和一肢外侧内边缘沿杆长方向贴片，测量主材的弯矩和轴力。其他测点布置 2 个应变片，仅在该测点位置两肢外侧中点沿杆长方向贴片，测量杆件的轴力。

2.4.2.4   铁塔模型支座反力

铁塔模型支座反力通过在支座位移加载处千斤顶端设置压力传感器进行测量。

2.4.3   数据采集

本试验采用东华公司的 2 台 DH3816N、2 台 DH3818 和 1 台 DH3816 静态应变测试仪联合 3 台计算机同时进行采集。数据采集装置如图 2-18 所示。

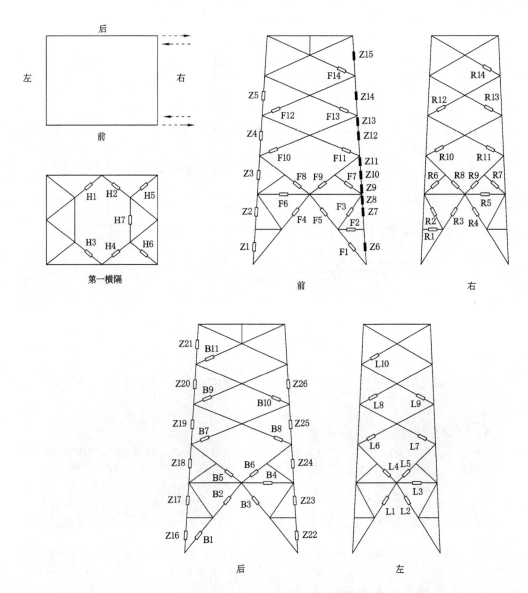

图 2-17 铁塔模型应变片布置图

图 2-18 数据采集装置图

2.5 试验步骤

本试验在中国矿业大学结构实验室内进行,试验步骤如下:

(1) 安装 H 型钢试验平台,将铁塔试验模型安装于试验平台上,校正各支座点高度,安装试验加载及量测装置;

(2) 采用在平台上堆砝码的方法对塔顶四个角点施加竖向荷载,直至加载至正常运行工况下的竖向荷载值;

(3) 施加上部竖向荷载后,用千斤顶配合试验平台对铁塔模型施加双支座水平拉伸(压缩)荷载,每级加载 1 mm,通过位移计控制加载速度,每级加载结束后观察并记录铁塔杆件、节点变形情况,至采集数据稳定后继续加载,加载至支座反力出现下降或铁塔杆件变形较大时,停止拉伸(压缩)加载。

图 2-19 为支座位移加载试验过程中的全景图。

图 2-19 支座位移加载试验全景图

2.6 试验现象

2.6.1 垂直线路方向双支座水平拉伸试验

垂直线路方向双支座水平拉伸时,铁塔模型垂直线路方向根开变大。当支座位移为 10 mm 时,沿支座位移加载方向第一交叉斜材(应变片编号为 F10-F11 和 B7-B8)出现轻微的平面外弯曲变形,F10-F11 和 B7-B8 杆件变形呈对称向塔内凹陷状态,如图 2-20 所示。两者中心螺栓连接节点平面外向塔内变形量基本相同,约为 8 mm。此时,沿支座位移加载方向的横隔材(应变片编号为 F6 和 B4)也出现轻微的平面内弯曲,变形呈下拱状态,如图 2-21 所示。F6 和 B4 杆件中心向下变形量基本相同,约为 6 mm。

随着支座位移加载值变大,铁塔模型杆件变形逐渐明显。沿支座位移加载方向第一交叉斜材中心螺栓连接节点平面外向塔内变形和横隔材中点平面内下拱变形逐渐变大。第一

(a)　　　　　　　　　　　　　　　　(b)

图 2-20　第一交叉斜材变形图

(a) F10-F11 和 B7-B8 杆件变形；(b) B7-B8 杆件变形

图 2-21　横隔材变形图

交叉斜材杆件 F10-F11 中心节点变形量与支座位移的关系如图 2-22 所示。横隔材杆件 F6 中点平面内变形量与支座位移的关系如图 2-23 所示。

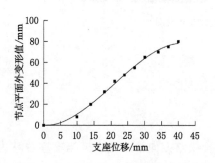
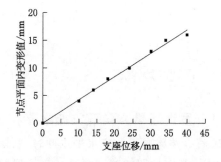

图 2-22　杆件 F10-F11 中心节点平面外变形量与支座位移的关系曲线　　　图 2-23　杆件 F6 中心节点平面内变形量与支座位移的关系曲线

　　当支座位移为 40 mm 时,铁塔模型杆件已经出现非常明显变形(图 2-20 和图 2-21),停止支座位移加载。此时,第一交叉斜材中心节点平面外变形量约为 80 mm,中心节点附近角钢出现明显的屈曲变形(图 2-24),横隔材杆件中心向下变形量约为 16 mm,主材出现轻微的弯曲变形。除主材、沿支座位移加载方向第一交叉斜材和横隔材外,其他杆件没有出现肉眼可观测的变形,螺栓也没有剪坏的现象出现。

图 2-25 为双支座水平拉伸工况下的有限元模拟变形图。由图 2-25 可知,塔架破坏时变形最大的杆件为第一交叉斜材,与试验现象基本一致。因此,铁塔模型垂直线路方向双支座水平拉伸工况下的主要破坏形式为沿支座位移加载方向的第一交叉斜材受压失稳破坏。

图 2-24　第一交叉斜材中心螺栓连接节点附近
角钢屈曲变形图

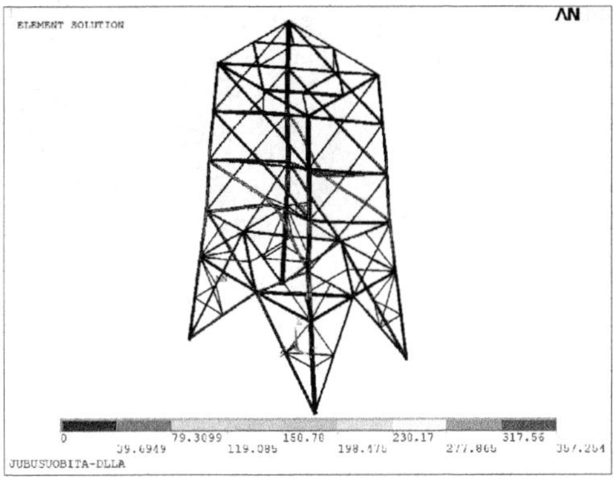

图 2-25　双支座水平拉伸工况下的有限元
模拟变形图

2.6.2　垂直线路方向双支座水平压缩试验

垂直线路方向双支座水平压缩时,铁塔模型垂直线路方向根开变小。当支座位移为 20 mm 时,沿支座位移加载方向的半斜材(应变片编号为 F8 和 B5)出现肉眼可见的轻微弯曲变形。

随着支座位移加载值增大,铁塔模型杆件变形逐渐明显。当支座位移为 28 mm 时,塔架发出了一声较大的闷响,初步判断为螺栓连接节点出现了滑移。

当支座位移为 60 mm 时,沿支座位移加载方向的半斜材 F8 和 B5 杆件的平面外弯曲变形已经非常明显(图 2-26),停止支座位移加载。此时,半斜材 F8 杆件中点平面外向塔内变形量约为 65 mm,平面内向下变形量约为 25 mm,半斜材 B5 的变形量略小于 F8,杆件两侧

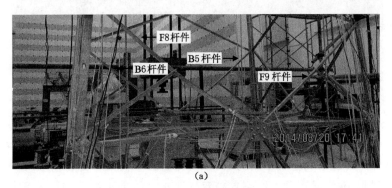

(a)

图 2-26　半斜材变形图
(a)半斜材整体变形图

(b)　　(c)

续图 2-26　半斜材变形图
(b) F8 杆件变形图;(c) B5 杆件变形图

连接节点处角钢翘曲明显,且杆件连接横隔中部节点板出现轻微弯曲变形,如图 2-27 所示。此时,半斜材 F9 和 B6 杆件只出现轻微的弯曲变形,变形远小于半斜材 F8 和 B5 杆件。横隔材 F6 和 B4 杆件平面内弯曲变形变得明显(图 2-28),杆件中点向上弯曲变形量约为 20 mm。第二交叉斜材 F12-F13 和 B9-B10 出现轻微的弯曲变形。除沿支座位移加载方向半斜材、横隔材和第二交叉斜材外,其他杆件没有出现肉眼可观测的变形,螺栓也没有剪坏的现象出现。

图 2-27　横隔材中部节点处角钢翘曲
及节点板变形图

图 2-28　横隔材变形图

图 2-29 为双支座水平压缩工况下的有限元模拟变形图。由图 2-29 可知,塔架破坏时变形最大的杆件为塔腿横隔上方半斜材,第二交叉斜材有轻微的变形,与试验中观察到的现象基本一致。因此,铁塔模型垂直线路方向双支座水平拉伸工况下的主要破坏形式为沿支座位移加载方向的半斜材受压失稳破坏。

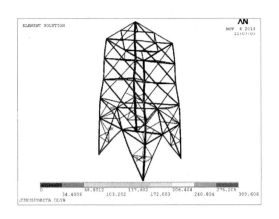

图 2-29 双支座水平压缩工况下的有限元模拟变形图

2.7 试验结果分析

2.7.1 双支座水平拉伸试验

2.7.1.1 塔顶水平位移—支座位移关系

用于监测试验过程中塔顶位移的拉线式位移计编号如图 2-30 所示。1~4 号拉线式位移计沿支座位移加载方向布置,5~8 号拉线式位移计垂直支座位移加载方向布置。由于本试验塔顶主要产生沿支座位移加载方向的水平位移,因此在计算塔顶垂直支座位移加载方向的水平位移,需要考虑沿支座位移加载方向水平位移的影响。本书图表中标注的拉线5~8位移值均是根据试验过程中实测位移值经过数据处理得到的。拉线式位移计拉线缩短测量值为正,反之为负。

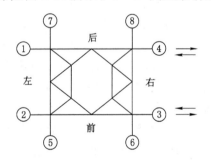

图 2-30 塔顶拉线式位移计编号

图 2-31 为双支座水平拉伸试验中拉线式位移计测得的塔顶各角点水平位移与支座位移的相关关系图。由图 2-31 可知,随着支座位移的变化,塔顶垂直支座位移方向水平位移很小,可忽略不计,主要产生沿支座位移方向的水平移动,位移值随支座位移变化基本呈线性增长。当最大支座位移为 40 mm 时,塔顶沿支座位移加载方向的最大水平位移值为19.06 mm。在支座位移一定时,1~4 号拉线式位移计测量值基本相同。1 号与 2 号、3 号与 4 号的位移最大差值为 1.56 mm,为塔顶横隔垂直支座位移方向杆件长度的 0.13%。1 号与 4 号、2 号与 3 号的位移最大差值为 0.48 mm,为塔顶横隔沿支座位移方向杆件长度的0.03%。由此可得,随着支座位移的变化,塔顶各角点之间的水平相对位移很小,塔顶横隔呈整体向支座位移方向移动,未发生平面内的扭转和变形。这与试验中支座最大位移时塔顶横隔杆件未观测到肉眼可见的变形相一致。

图 2-32 为双支座水平拉伸工况下塔顶 3 号拉线式位移计处沿支座位移方向水平位

移—支座位移关系的试验结果与 ANSYS 有限元分析结果对比图。由图 2-32 可知,有限元结果与试验结果吻合较好。当支座位移为 36 mm 时,有限元计算结果为 17.98 mm,试验结果为 16.84 mm,试验值为有限元计算值的 93.66%。

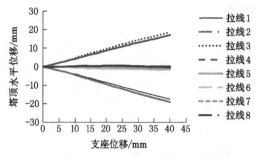

图 2-31　塔顶水平位移—支座位移关系曲线

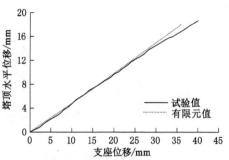

图 2-32　塔顶水平位移试验结果与有限元
结果对比图

2.7.1.2　杆件应力—支座位移关系

在双支座水平拉伸试验中,主要受力杆件主要分布在塔架沿支座位移方向的 F 面和 B 面。图 2-33 为试验中受力面交叉斜材杆件应力与支座位移的关系曲线。杆件应力值为杆件上同一位置各测点应变片数据的平均值。由图 2-33 分析可知,在双支座水平拉伸试验中,塔架主要受力面第一交叉斜材(杆件 F10-F11)和第三交叉斜材(杆件 F14)主要承受压力,第二交叉斜材(杆件 F12-F13)主要承受拉力,由此可知沿支座位移方向相邻斜材呈现"一拉一压"的受力状态。交叉斜材杆件应力均存在极值,极值后杆件承载力下降,这主要是由于试验中第一交叉斜材发生杆件受压屈曲失稳破坏。

由图 2-33 还可知,当支座位移值为 27 mm 左右时,交叉斜材各测点应力均出现了轻微的突变现象。杆件应力发生突变的原因可能是螺栓连接节点发生了滑移或杆件发生局部压屈。

图 2-34 至图 2-36 为试验与有限元分析得到的关键杆件应力变化曲线的对比图。由图 2-34 至图 2-36 可知,模型试验与有限元分析得到的交叉斜材杆件应力结果整体变化趋势基本一致,尤其是在初始线性阶段,两者杆件应力变化曲线吻合较好。根据模型试验得到破坏杆件最大应力值对应的极限支座位移为 13.06 mm,有限元分析得到的极限支座位移为 13.00 mm,两者基本相同。

图 2-37 为极限支座位移对应的交叉斜材杆件最大应力试验值与有限元计算值的对比图。由图 2-37 可知,试验和有限元分析得到的主要受力杆件最大应力值大小排序均为第一交叉斜材>第二交叉斜材>第三交叉斜材杆件。由此可知,交叉斜材越靠近塔架底部,杆件应力越大,即交叉斜材越靠近铁塔底部,杆件受力对地表变形越敏感。

由图 2-37 还可知,有限元计算得到的杆件最大应力值均大于试验值,第一、第二和第三交叉斜材杆件最大应力试验值分别为有限元计算值的 92.13%、66.91% 和 63.24%。第一交叉斜材杆件最大应力值两者最为接近,同时其应力变化曲线两者吻合程度也最高,由此可见模型试验中铁塔结构破坏杆件的受力变化情况与有限元软件的计算结果最为接近。

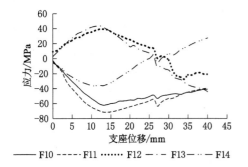

图 2-33 交叉斜材杆件应力变化曲线

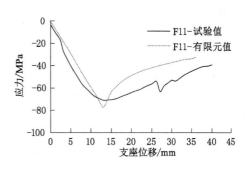

图 2-34 第一交叉斜材试验与有限元结果对比图

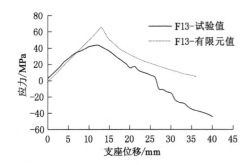

图 2-35 第二交叉斜材试验与有限元结果对比图

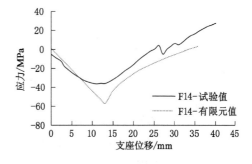

图 2-36 第三交叉斜材试验与有限元结果对比图

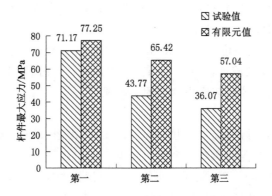

图 2-37 交叉斜材杆件最大应力试验与有限元结果对比图

2.7.2 双支座水平压缩试验

2.7.2.1 塔顶水平位移—支座位移关系

图 2-38 为双支座水平压缩试验中拉线式位移计测得的塔顶各角点水平位移与支座位移的关系曲线。由图 2-38 可知,随着支座位移的变化,塔顶主要产生沿支座位移方向的水平移动,位移值随支座位移变化基本呈线性增长。当最大支座位移为 60 mm 时,塔顶沿支座位移加载方向的最大水平位移值为 31.98 mm。在支座位移一定时,1~4 号拉线式位移计测量值基本相同。由此可得,随着支座位移的变化,塔顶各角点之间的水平相对位移很

小,塔顶横隔呈整体向支座位移方向移动,未发生平面内的扭转和变形。

图 2-39 为双支座水平压缩工况下塔顶沿支座位移方向水平位移—支座位移关系的试验结果与 ANSYS 有限元分析结果对比图。由图 2-39 可知,有限元结果与试验结果吻合较好。当支座位移为 34 mm 时,有限元计算结果为 16.94 mm,试验结果为 17.09 mm,两者相差不到 1%,说明有限元计算结果具有较高的可靠性,可以采用有限元来分析地表变形对输电铁塔产生附加变形规律。

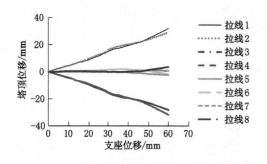
图 2-38 塔顶水平位移—支座位移关系曲线

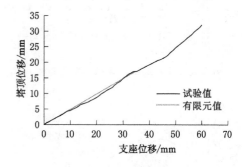
图 2-39 塔顶沿支座位移方向水平位移结果对比

2.7.2.2 杆件应力—支座位移关系

在双支座水平压缩试验中,主要受力杆件主要分布在塔架沿支座位移方向的 F 面和 B 面。图 2-40 为试验中 F 面主要受力杆件应力与支座位移的关系曲线。由图 2-40 分析可知,在双支座水平压缩试验中,塔架主要受力面沿支座位移方向相邻斜材呈现"一拉一压"的受力状态,杆件应力均存在极值,极值后杆件承载力下降,这主要是由于试验中塔腿横隔上方半斜材发生杆件受压屈曲失稳破坏。

由图 2-40 还可知,当支座位移值为 28 mm 左右时,主要受力杆件各测点应力均出现了轻微的突变现象。在试验加载过程中,当支座位移为 28 mm 时,塔架发出了一声较大的闷响,螺栓节点滑移可能是造成测点应力突变的主要原因。

在有限元分析中,ANSYS 计算得到双支座压缩相对位移为 34 mm 时,模型因为形成破坏机构而无法继续计算,实际试验中加载至 60 mm 时,横隔上方半斜材杆件变形较大,停止试验,没有出现塔架倒塌或整体承载力急剧下降现象。

图 2-41 至图 2-44 为试验与有限元分析得到的关键杆件应力变化曲线的对比图。分析图 2-41 至图 2-44 可知,模型试验与有限元分析得到的交叉斜材杆件应力结果整体变化趋势基本一致,尤其是在初始线性阶段,两者杆件应力变化曲线吻合较好。根据有限元分析得到的极限支座位移为 17.00 mm,模型试验得到杆件应力最大值对应的极限支座位移为 21.07,有限元计算值为试验值的 80.68%。可见,有限元软件能够有效计算铁塔结构在地表变形中的杆件受力变化情况,并能有效预测铁塔结构承载能力下降时的地表变形值。

图 2-45 为极限支座位移对应的杆件最大应力试验值与有限元计算值的对比图。由图 2-45可知,试验和有限元分析得到的主要受力杆件最大应力值大小排序均为半斜材>第一交叉斜材>第二交叉斜材>第三交叉斜材杆件。由此可知,受力杆件越靠近塔架底部,杆件应力越大,即斜材越靠近铁塔底部,杆件受力对地表变形越敏感。

由图 2-45 还可知,有限元计算得到的杆件最大应力值均大于试验值,半斜材杆件最大

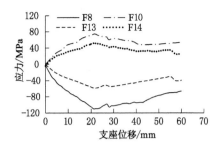

图 2-40 主要受力杆件应力变化曲线

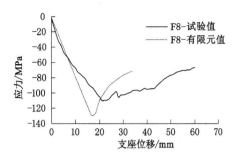

图 2-41 半斜材试验与有限元结果对比图

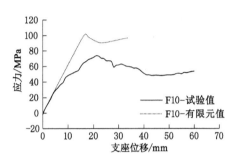

图 2-42 第一交叉斜材试验与有限元结果对比图

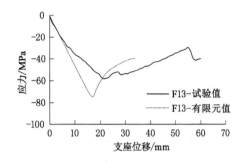

图 2-43 第二交叉斜材试验与有限元结果对比图

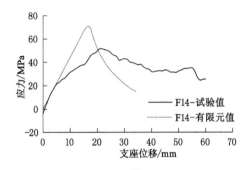

图 2-44 第三交叉斜材试验与有限元结果对比图

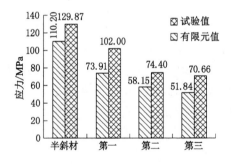

图 2-45 主要受力杆件最大应力对比

应力试验值为有限元计算值的 84.86%,第一、第二和第三交叉斜材杆件最大应力试验值为有限元计算值的 72.46%、78.16% 和 73.36%。半斜材杆件最大应力值两者最为接近,同时其应力变化曲线两者吻合程度也最高,由此可见模型试验中铁塔结构破坏杆件的受力变化情况与有限元软件的计算结果最为接近。

综上所述,无论是双支座水平拉伸试验还是双支座水平压缩试验,模型试验结果与有限元计算得到的塔架杆件受力整体变化趋势基本相近,但是杆件受力变化曲线也存在一定的差别,其原因有以下几点:

(1)模型塔架的杆件大部分为手工加工,加工尺寸存在误差,同时杆件拼装过程也存在安装误差,使得模型受组装应力的影响。同时,在支座位移变化过程中,节点处螺栓连接存在空隙,试验中会产生螺栓滑移。

(2)在实际支座位移加载过程中,由于是采用两个螺旋式千斤顶进行手动加载,两个支座施加位移无法达到完全同步,这可能会引起塔架的轻微扭转,从而影响铁塔杆件的受力情况。同样,试验场地的不完全平整引起塔架支座产生轻微的竖向位移也有可能影响试验结果的准确性。

(3)铁塔结构进行建模时对螺栓连接节点进行了简化,如何在计算模型中采取合理的简化并考虑螺栓节点滑移的影响,尚未有准确的结论,在有限元建模中无法准确考虑这些因素的影响。

(4)有限元模型中采用理想弹塑性模型来模拟钢材的材料非线性,忽略了应变硬化的有利作用,与钢材的实际材料性能存在一定的差别。

2.8 本章小结

(1)正常运行工况下,塔架在双支座水平拉伸工况下的主要破坏形式为沿支座位移加载方向的第一交叉斜材受压失稳破坏,在双支座水平压缩工况下的主要破坏形式为塔腿横隔上方半斜材受压失稳破坏,其破坏符合杠杆原理。

(2)模型试验和有限元分析得到的塔架破坏形式基本吻合,说明数值模拟可有效预测输电铁塔结构在地表变形作用下的破坏形式。

(3)两种支座位移工况下,主斜材杆件越靠近塔架底部,杆件应力越大,其受力对地表变形越敏感,说明靠近铁塔底部的主斜材对抵抗水平地表变形具有重要作用。

(4)模型试验和有限元分析得到铁塔变形与支座位移的关系曲线吻合较好,当支座位移一定时,试验值和有限元值相差不到7%,可见采用数值模拟分析地表变形对输电铁塔变形的影响规律具有较高的可靠性。

(5)模型试验与有限元分析得到的塔架杆件受力整体变化趋势基本相近,双支座水平拉伸工况下的极限支座位移值相差0.46%,破坏杆件最大应力值相差7.87%,双支座水平压缩工况下的极限支座位移值相差19.32%,破坏杆件最大应力值相差15.14%,说明数值模拟能够有效分析铁塔结构在地表变形中的杆件受力变化情况,并能较好地预测输电铁塔的极限支座位移。

(6)有限元分析得到塔架在达到极限承载力后其杆件受力下降较快,并很快出现机构停止计算,而模型试验证明塔架在达到极限承载能力后大部分杆件的承载能力不会马上丧失,仍能够继续抵抗一定的地表变形,因此有限元计算得到的最大位移值小于塔架实际能够承受的地表变形值,即数值模拟得到的结果更偏安全。

3　风荷载工况下铁塔支座位移
加载模型试验研究

3.1　试验目的

为研究采动区输电铁塔在风荷载工况下的抗地表变形性能,对风荷载工况下的 1B-ZM3 输电铁塔结构进行局部相似模型支座位移加载试验。主要试验目的包括:

(1) 获得风荷载工况下输电铁塔在地表变形作用下的破坏形态,分析风荷载对输电铁塔在地表变形作用下破坏形态的影响;

(2) 获得输电铁塔杆件应力、变形与支座位移值之间的关系,研究风荷载工况下地表变形对输电铁塔的影响规律;

(3) 获得输电铁塔抗地表变形性能与风荷载大小之间的关系,研究风荷载对输电铁塔抗地表变形性能的影响规律;

(4) 分析局部相似模型试验结果与数值模拟分析结果之间的符合程度,验证数值模拟的可靠性。

3.2　局部相似模型设计

3.2.1　铁塔原型和试验模型

本试验输电铁塔的原型和铁塔试验模型与第 2 章相同,如图 2-1 和图 2-6 所示。

3.2.2　局部相似模型的可靠性验证

采用 ANSYS 有限元软件分别建立输电铁塔局部相似模型与原型的梁桁混合模型,限于篇幅,以风速为 30 m/s 的 90°风荷载工况下垂直线路方向双支座水平拉伸为例进行分析。

在 90°风荷载作用下,输电铁塔局部相似模型承受上部塔段、导线、地线、绝缘子和金具传递的竖向重力荷载和水平风荷载。上部结构受到的水平风荷载在试验模型顶部形成了不平衡弯矩 M_w 和水平力 F_w,同时上部结构的重力荷载在试验模型顶部各角点产生了相等的竖向荷载 G,如图 3-1 左图所示。

在局部相似有限元模型中,采用图 3-1 所示的等效荷载对有限元模型施加荷载,在其模型顶部两端施加反向竖向力 F_A 和 F_B 以同时模拟竖向荷载及弯矩。根据荷载等效转化原理得: $F_A = M_w/L - G$,$F_B = M_w/L + G$。

图 3-2 为风速为 30 m/s 的 90°风荷载工况下,铁塔局部相似模型和原型在垂直线路方

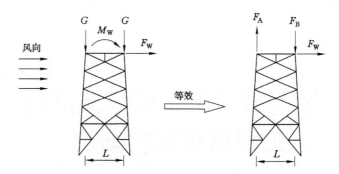

图 3-1 铁塔局部相似有限元模型等效荷载施加方法示意图

向双支座水平拉伸作用下的变形图。由图 3-2 可知,铁塔局部相似模型和原型在垂直线路方向双支座水平拉伸作用下的变形形式基本相同,均为垂直线路方向面第一交叉斜材沿风向斜向下杆件发生弯曲变形。

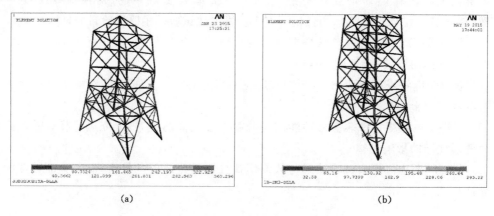

(a)   (b)

图 3-2 垂直线路方向双支座水平拉伸变形图(放大 20 倍)

(a)局部缩比塔变形图;(b)原型整塔变形图

图 3-3 为铁塔局部相似模型和原型关键杆件轴力与支座位移的关系曲线。由图 3-3 可知,铁塔局部相似模型和原型关键杆件轴力与支座位移的关系曲线非常接近,其线性

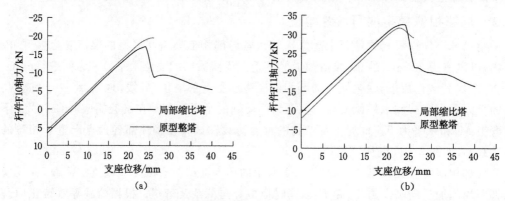

(a)   (b)

图 3-3 关键杆件轴力与支座位移的关系曲线

(a)杆件 F10 轴力与支座位移的关系曲线;(b)杆件 F11 轴力与支座位移的关系曲线

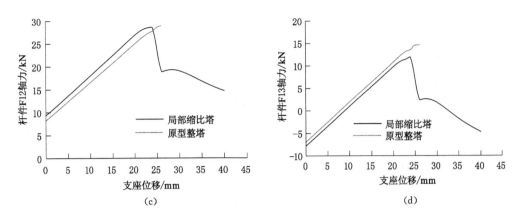

续图 3-3　关键杆件轴力与支座位移的关系曲线
（c）杆件 F12 轴力与支座位移的关系曲线；（d）杆件 F13 轴力与支座位移的关系曲线

阶段的曲线基本吻合；极限支座位移分别为 24.00 mm 和 23.00 mm，两者仅相差 4.17%，极限支座位移对应的关键杆件最大轴力相差均在 10% 以内。由此可得，采用输电铁塔局部相似模型试验的方法对风荷载工况下输电铁塔的抗地表变形性能进行研究具有较高的可靠性。

3.3　荷载及支座位移工况

3.3.1　荷载工况

本试验研究选择 90°（垂直线路方向）风荷载工况作为试验荷载工况，1B-ZM3 塔的设计最大风速为 30 m/s，选择 15 m/s 和 30 m/s 两种风速，且不考虑覆冰荷载。

输电铁塔在风荷载作用下的线路荷载和塔体风荷载根据《国家电网公司输变电工程典型设计（110 kV 输电线路分册）》和《架空输电线路杆塔结构设计技术规定》（DL/T 5154—2012）[108] 确定。铁塔原型线路荷载见表 3-1。试验模型的荷载根据原型荷载乘以相似常数得到。

表 3-1　荷载表　　　　　　　　　　　　　　　　　　　N

	风速	0 m/s	15 m/s	30 m/s
水平荷载	导线	0	1 638	4 915
	绝缘子及金具	0	112	337
	地线	0	1 033	3 098
垂直荷载	导线	6 964	6 964	6 964
	绝缘子及金具	1 182	1 182	1 182
	地线	5 977	5 977	5 977
	输电铁塔自重		27 979	

3.3.2 支座位移工况

第 2 章进行了正常运行工况下铁塔局部相似模型支座位移加载试验研究。基于本课题的研究现状,同时为了将本书风荷载工况与第 2 章正常运行工况的试验结果进行对比分析,本书选择垂直线路方向双支座水平拉伸支座位移工况进行研究。风荷载和支座位移加载方向如图 3-4 所示。

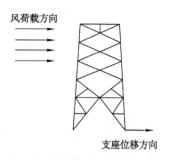

图 3-4 风荷载和支座位移
加载方向示意图

3.4 试验加载及量测

3.4.1 试验加载方案

3.4.1.1 固定荷载加载方案

试验中铁塔模型采用图 3-5 所示的等效荷载进行加载。图 3-5 中,水平荷载 F_1 是为了施加试验模型顶部的弯矩 M_w,D 为水平荷载 F_1 施加弯矩 M_w 的力臂长度,水平荷载 F_2 是为了施加试验模型顶部的水平力。根据荷载等效转化原理得:$F_1 = M_w/D$,$F_2 = F_1 + F_w$。

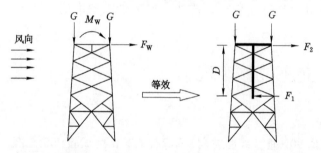

图 3-5 铁塔局部相似试验模型等效荷载施加方法示意图

在实际试验中,铁塔局部相似模型的竖向荷载 G 采用钢丝绳悬挂钢砝码的方法在试验模型顶部 4 点进行加载,经计算每点加载 3 430 kN。F_1 和 F_2 分别采用一个量程为 5 t 的伺服作动器和一个量程为 5 t 的手拉葫芦在 T 型钢梁上进行加载,试验加载方案如图 3-6 所示。

为了保证试验结果的准确性,在 T 型梁的设计加工、T 型梁与试验模型的连接以及各加载点的设计等方面都需要注意。由于 T 型梁在作动器加载时相当于一个悬臂梁结构,在加载过程中容易产生较大的挠度变形,因此 T 型梁在设计时应该满足刚度要求。

本试验设计的 T 型梁如图 3-7 所示,T 型梁顶部平面采用钢板与槽钢焊接而成,钢板是为了保证 T 型梁顶部平面的平整,确保 T 型梁与试验模型的连接可靠,槽钢是为了保证整个平面的刚度,避免 T 型梁顶部平面在加载过程中出现较大的挠曲变形或局部破坏。T 型梁的作动器加载力臂部分采用较大规格的 H 型钢与顶部平面焊接而成,由于力臂较长,采用同截面的 H 型钢在力臂两侧焊接形成支撑。

T 型梁与试验模型的连接采用 T 型梁顶部钢板与铁塔主材焊接的方法,确保风荷载在试验模型顶部产生的水平力和弯矩传递到主材上,与实际荷载传递情况相符。T 型梁上作动器加载点的设计如图 3-8 所示,采用加载钢梁配合高强螺栓进行 T 型梁上的集中水平力

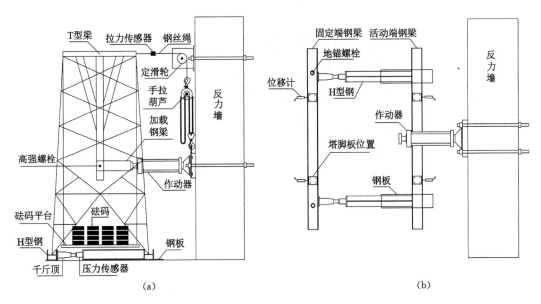

图 3-6 试验加载方案示意图

(a) 正立面图；(b) 平面图

图 3-7 T型梁和加载钢梁

图 3-8 作动器加载点设计

加载。加载钢梁与 T 型梁 H 型钢在加载方向保持 50 mm 左右的间距,避免在荷载加载过程中 T 型梁与加载钢梁产生除高强螺栓以外的接触,确保荷载加载的准确性。

3.4.1.2 支座位移加载方案

本试验支座位移工况为垂直线路方向双支座水平拉伸,支座位移加载方案与第 2 章基本相同(图 3-6),不同之处是取消了加载平台下滚轴的布置,主要是为了避免支座位移加载平台在风荷载加载过程中或加载后出现滑动,保证试验的顺利进行。本试验支座位移加载试验平台全貌如图 3-9 所示。

3.4.2 量测内容及方案

本试验量测内容主要包括铁塔模型支座位移、塔顶位移、作动器加载点位移、杆件应变以及作动器、手拉葫芦和千斤顶加载的荷载。

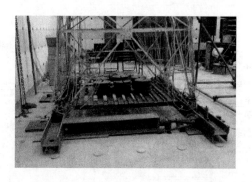

图 3-9　支座位移加载试验平台全貌图

3.4.2.1　铁塔模型支座位移

铁塔模型支座位移采用 YHD-200 型位移计进行测量,沿支座位移加载方向(垂直线路方向)布置,每支座处布置 1 个,总计 4 个,如图 3-6(b)所示。

3.4.2.2　铁塔模型顶部位移

铁塔模型顶部位移采用 DH801-750 型拉线式位移计进行测量,拉线式位移计布置及编号如图 3-10 所示。1～4 号拉线式位移计用于监测铁塔模型顶部的水平位移变化情况,5～8 号拉线式位移计用于监测铁塔模型顶部的竖向位移变化情况。拉线式位移计通过架设钢管脚手架固定。支座位移活动端塔顶拉线式位移计照片如图 3-11 所示。

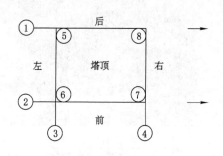

图 3-10　塔顶拉线式位移计布置及编号图

图 3-11　活动端塔顶拉线式位移计照片

3.4.2.3　作动器加载点位移

作动器在 T 型钢梁上加载点的位移通过两个 DH801-750 型拉线式位移计测量,将其编号为 9 号和 10 号,如图 3-12 所示。两个拉线式位移计加载点位置与 T 型梁 H 型钢中点的距离相等,主要是为了监测试验加载过程中 H 型钢是否会出现偏离或扭转的现象,从而检验作动器加载的准确性。

3.4.2.4　铁塔模型结构中杆件的应变

铁塔模型结构中杆件的应变通过粘贴 BX120-3AA 型电阻应变片量测,应变片测点位置布置如图 3-13 所示,总计 170 个应变片。图 3-13 中主材上黑色填充的测点表示在该测点位置布置 3 个应变片,分别在角钢两肢外侧外边缘和一肢外侧内边缘沿杆长方向贴片。其他测点布置 2 个应变片,仅在该测点位置两肢外侧中点沿杆长方向贴片。

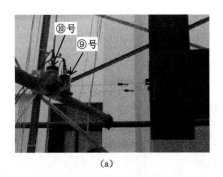
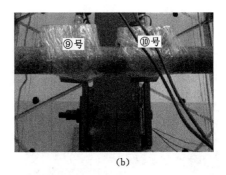

(a)　　　　　　　　　　　　　　(b)

图 3-12　作动器加载点拉线式位移计布置图

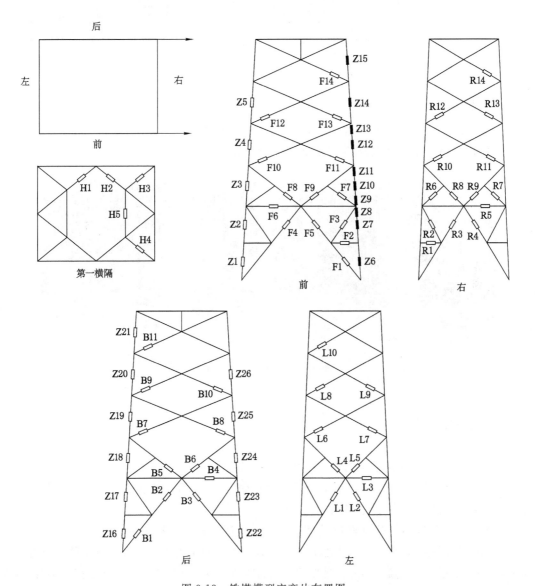

图 3-13　铁塔模型应变片布置图

3.4.2.5　荷载

本试验需要测量的荷载主要包括作动器、手拉葫芦和千斤顶的荷载。作动器的荷载通过自带的荷载传感器进行测量，手拉葫芦的荷载通过 JLBT-5T 型拉力传感器进行测量（图 3-14），支座位移加载处千斤顶的荷载通过压力传感器进行测量（图 3-15）。

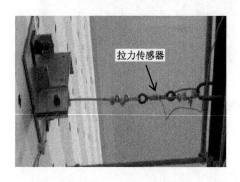

图 3-14　拉力传感器

图 3-15　压力传感器

3.4.3　数据采集

本试验采用东华公司的 3 台 DH3816N 和 1 台 DH3818 静态应变测试仪联合 3 台计算机同时进行采集数据。数据采集装置如图 3-16 所示。

(a)

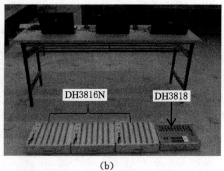

(b)

图 3-16　数据采集装置图

3.5　试验步骤

本试验在中国矿业大学结构实验室内进行，试验步骤如下：

（1）安装 H 型钢试验平台，采用地锚螺栓将固定端 H 型钢梁固定在地面上，然后将铁塔试验模型安装于试验平台上，校正各支座点高度。

（2）安装手拉葫芦和作动器以及试验所需的量测装置和数据采集装置。

（3）将试验平台活动端 H 型钢梁临时固定，采用在平台上堆砝码的方法对塔顶 4 个角点施加竖向荷载，然后采用手拉葫芦和作动器同步施加风荷载在模型顶部产生的水平荷载和弯矩，按 10%、20%、30%…的设计风荷载逐级加载，加载至 100% 的设计风荷载后停止加载，总计 10 个荷载级数。风速为 15 m/s 和 30 m/s 的风荷载工况具体加载规则分别见表 3-2 和表 3-3。

表 3-2				15 m/s 风速风荷载加载规则					kN
荷载级数	1	2	3	4	5	6	7	8	9	10
F_1	0.75	1.51	2.26	3.01	3.77	4.52	5.27	6.02	6.78	7.53
F_2	1.01	2.02	3.03	4.05	5.06	6.07	7.08	8.09	9.10	10.11

表 3-3				30 m/s 风速风荷载加载规则					kN
荷载级数	1	2	3	4	5	6	7	8	9	10
F_1	2.48	4.96	7.43	9.91	12.39	14.87	17.35	19.82	22.30	24.78
F_2	3.33	6.65	9.98	13.31	16.64	19.96	23.29	26.62	29.94	33.27

（4）施加上部固定荷载后,解除试验平台活动端 H 型钢梁的临时固定装置,用千斤顶配合试验平台对铁塔模型施加支座水平拉伸荷载,每级加载 1 mm,通过位移计控制加载速度。支座位移加载过程中,作动器采用荷载控制始终保持其水平推力不变,手拉葫芦拉力需在每级加载结束后手动调整,使其荷载值与支座位移加载前保持一致。每级加载及调整结束后观察并记录铁塔杆件、节点变形情况,至采集数据稳定后继续加载,加载至支座反力出现下降或铁塔杆件变形较大时停止支座位移加载。

图 3-17 为支座位移加载试验过程中的全景图。

图 3-17　支座位移加载试验全景图

3.6　试验现象

3.6.1　15 m/s 风速风荷载工况

在风荷载加载过程中,铁塔模型基本没有发生变化,未观察到肉眼可见的明显变形。

在支座位移加载阶段,随着支座位移的增大,铁塔模型垂直线路方向根开变大。当支座位移为 15 mm 时,沿支座位移加载方向第一交叉斜材(杆件 F10-F11 和杆件 B7-B8)出现轻微的平面外弯曲变形,F10-F11 杆件变形向塔内凹陷,B7-B8 杆件变形向塔外凸起,两者基本呈反对称状态,如图 3-18(a)所示。两者中心螺栓连接节点平面外变形量基本相同,约为 5 mm。

随着支座位移加载值变大,铁塔模型杆件变形逐渐明显。当支座位移为 40 mm 时,铁

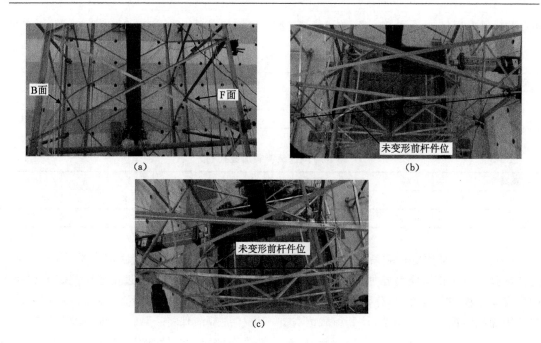

图 3-18　第一交叉斜材变形图
(a) F10-F11 和 B7-B8 杆件变形；(b) F10-F11 杆件变形；(c) B7-B8 杆件变形

塔模型杆件已经出现非常明显的变形（图 3-18 和图 3-19），停止支座位移加载。此时，第一交叉斜材 F10-F11 杆件中心节点平面外变形量约为 67 mm，B7-B8 杆件中心节点平面外变形量约为 62 mm，两者中心节点附近角钢均出现明显的屈曲变形（图 3-20）；横隔材 F6 和 B4 杆件中心向下变形量约为 22 mm；主材出现轻微的弯曲变形。除主材、沿支座位移加载方向第一交叉斜材和横隔材外，其他杆件没有出现肉眼可观测的变形，螺栓也没有剪坏的现象出现。

图 3-19　横隔材变形图

图 3-21 为 15 m/s 风速风荷载工况下，铁塔局部相似模型在双支座水平拉伸作用下的有限元模拟变形图。由图 3-21 可知，有限元模拟得到的变形图与试验中观察到的现象基本一致。但有限元得到的第一交叉斜材平面外失稳方向与试验不同，这主要是由于实际铁塔构造中主材与破坏交叉斜材之间存在位置关系，本试验中破坏交叉斜材杆件连接在主材角钢内侧，则主材会对破坏杆件产生向内的约束力，从而破坏杆件必定向塔内失稳破坏，而有

限元模型建模时未考虑连接节点的详细设计。综上所述,15 m/s 风速风荷载工况下,铁塔模型垂直线路方向双支座水平拉伸作用下的主要破坏形式为沿支座位移加载方向的第一交叉斜材受压失稳破坏。

图 3-20　第一交叉斜材中心螺栓连接节点
附近角钢屈曲变形图

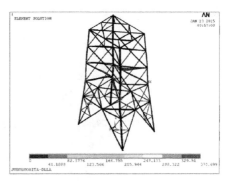

图 3-21　有限元模拟变形图(15 m/s)

3.6.2　30 m/s 风速风荷载工况

当铁塔模型加载至 30 m/s 风速的风荷载时,铁塔模型主材出现轻微的弯曲变形,远离剪力墙侧主材向剪力墙方向呈轻微的弧度变形。

在支座位移加载阶段,随着支座位移的增大,铁塔模型垂直线路方向根开变大。当支座位移为 10 mm 时,沿支座位移加载方向第一交叉斜材 F10-F11 杆件变形(图 3-22)向塔内凹陷,杆件变形向塔外凸起,两者基本呈反对称状态,两者中心螺栓连接节点平面外变形量基

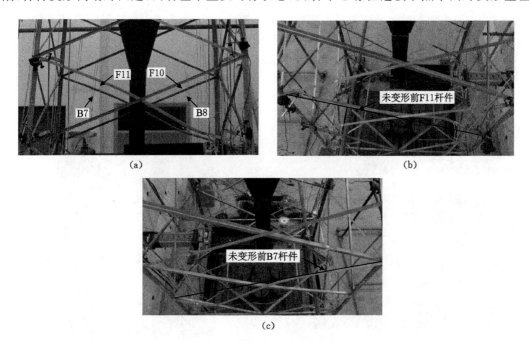

图 3-22　第一交叉斜材变形图
(a) F10-F11 和 B7-B8 杆件变形;(b) F10-F11 杆件变形;(c) B7-B8 杆件变形

本相同,约为 25 mm。B7-B8 其中 F11 和 B7 杆件出现较明显的弯曲变形,杆件变形呈倒 S 形,且 F11 和 B7 杆件下半杆件的变形明显大于上半杆件的变形,变形最大处平面外变形值达到 45 mm。此时,沿支座位移加载方向的横隔材 F6 和 B4 杆件也出现轻微的平面内弯曲,变形呈下拱状态,如图 3-23 所示。F6 和 B4 杆件中心向下变形量基本相同,约为 8 mm。

图 3-23 横隔材变形图

随着支座位移加载值变大,铁塔模型杆件变形逐渐明显。当支座位移为 40 mm 时,铁塔模型杆件已经出现非常明显的变形(图 3-22 和图 3-23),停止支座位移加载。此时,第一交叉斜材 F10-F11 杆件中心节点向塔内方向平面外变形量约为 35 mm,B7-B8 杆件中心节点向塔外方向平面外变形量约为 32 mm;F11 和 B7 杆件的最大变形均出现在下半杆件,F11 杆件下半杆件的平面外最大变形量约为 105 mm,B7 杆件下半杆件的平面外最大变形量约为 113 mm。由于 F11 和 B7 杆件的平面外弯曲变形较大,F11 和 B7 杆件与靠近剪力墙侧主材的连接节点处角钢翘曲明显,如图 3-24 所示。横隔材 F6 和 B4 杆件中心向下变形量约为 20 mm;铁塔模型靠近剪力墙侧主材出现较明显的弯曲变形(图 3-25),变形最明显处为第一交

(a)

(b)

图 3-24 节点处角钢翘曲变形图

(a) F11 杆件与主材连接处;(b) B7 杆件与主材连接处

图 3-25 主材变形图

叉斜材与主材连接的下部连接节点处,变形量约为 30 mm。除主材、沿支座位移加载方向第一交叉斜材和横隔材外,其他杆件没有出现肉眼可观测的变形,螺栓也没有剪坏的现象出现。

图 3-26 为 30 m/s 风速风荷载工况下,铁塔局部相似模型在双支座水平拉伸作用下的有限元模拟变形图。由图 3-26 可知,有限元模拟得到的变形图与试验中观察到的现象基本一致。综上所述,30 m/s 风速风荷载工况下,铁塔模型垂直线路方向双支座水平拉伸作用下的主要破坏形式为沿支座位移加载方向的第一交叉斜材杆件受压失稳破坏,且沿风荷载方向第一交叉斜材斜向下杆件变形明显大于斜向上杆件。

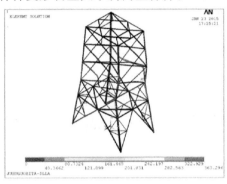

图 3-26　有限元模拟变形图(30 m/s)

3.7　试验结果分析

3.7.1　15 m/s 风速风荷载工况

3.7.1.1　荷载—位移关系

铁塔模型顶部拉线式位移计编号如图 3-10 所示。图 3-27 和图 3-28 为水平风荷载加载阶段作动器和手拉葫芦的荷载—位移关系曲线。由图 3-27 可知,在水平风荷载加载过程中,作动器的荷载—位移关系曲线基本呈线性变化,且曲率也基本没有发生变化,由此可得:铁塔模型在风荷载加载过程中没有出现刚度退化现象。同时,作动器加载点的 9 号和 10 号拉线式位移计所测得的位移值基本相同,根据其测量值绘制得到的荷载—位移曲线基本重合,由此可知:作动器在风荷载加载过程中加载准确,T 型梁 H 型钢未出现偏离或扭转现象。

由图 3-28 可知,手拉葫芦的荷载—位移关系曲线总体变化趋势基本呈线性关系,但不如作动器加载得到的荷载—位移关系曲线光滑,这主要是由于手拉葫芦为手动操作,在加载过程中无法完全做到匀速加载。

图 3-29 为风荷载加载过程中塔顶位移与风荷载之间的关系曲线。由图 3-29 可知,在风荷载加载过程中,试验模型塔顶主要产生向风荷载方向的水平位移,竖向位移较小。当风荷载为 100% 的设计风荷载时,塔顶最大水平位移值为 2.85 mm,最大竖向位移值为 0.88 mm。拉线 1 和拉线 2 的塔顶位移—风荷载曲线吻合程度较好,由此可知,塔顶在水平面内的扭转角度可忽略不计。

由图 3-29 还可知,塔顶左侧产生向上的变形,塔顶右侧产生向下的变形,塔顶呈现在竖向平面内顺时针转动的变形状态。当风荷载为 100% 的设计风荷载时,计算得到塔顶在竖

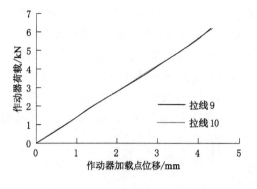

图 3-27 作动器荷载—位移关系曲线

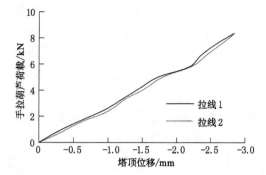

图 3-28 手拉葫芦荷载—位移关系曲线

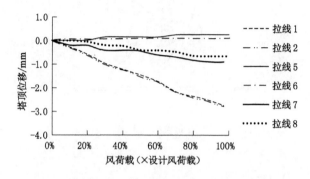

图 3-29 塔顶位移与风荷载的关系曲线

向平面内的转动角度为 0.037°,基本可忽略不计。塔顶在竖向平面内顺时针方向出现转动变形的趋势与试验模型在风荷载作用下所承受的荷载状态相符。由于本试验风荷载工况的设计风速仅为 15 m/s,在塔顶产生的水平力和弯矩较小,因此塔顶转动角度很小。

综上所述可得:在风荷载加载过程中,塔顶整体主要产生向风荷载方向的水平移动,并且在竖向平面内顺时针方向产生非常轻微的转动。

3.7.1.2 塔顶位移—支座位移关系

图 3-30 为支座位移加载过程中塔顶水平位移与支座位移的关系曲线。由图 3-30 分析可得,随着支座位移的变化,塔顶主要呈整体向沿支座位移方向水平移动,最大位移值为 24.09 mm,同时在塔顶水平面内产生了非常轻微的扭转,扭转角度约为 0.07°。塔顶在支座位移加载过程中呈整体水平移动,主要是由于塔顶横隔材的存在和铁塔主材顶部与 T 型梁顶部钢板焊接,铁塔顶部刚度较大;塔顶在水平面内出现轻微的扭转可能是因为手拉葫芦、作动器或千斤顶加载方向存在细微偏差引起的。

图 3-31 为支座位移加载过程中塔顶竖向位移与支座位移的关系曲线。由图 3-31 分析可得,随着支座位移的变大,塔顶整体出现向下的竖向位移,最大位移值为 2.06 mm。这主要是由于随着支座位移的变大,铁塔根开变大,铁塔主材在支座位移拉伸作用下出现轻微的弯曲变形,从而导致塔顶整体有往下降低的现象。

图 3-32 为支座位移加载过程中塔顶 2 号拉线式位移计处沿支座位移方向水平位移—支座位移关系的试验结果与 ANSYS 有限元分析结果对比图。由图 3-32 可知,试验结果与

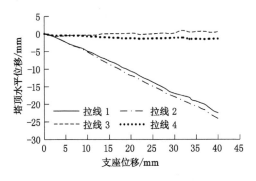

图 3-30　塔顶水平位移—支座位移关系曲线

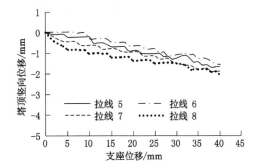

图 3-31　塔顶竖向位移—支座位移关系曲线

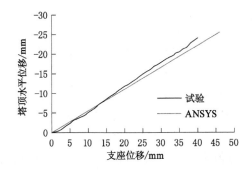

图 3-32　塔顶水平位移试验结果与有限元结果对比图

有限元结果吻合程度良好,两者相差均在 8% 以内。由此可得:有限元软件能有效计算铁塔在支座位移加载过程中产生的附加变形。

3.7.1.3　杆件应力—支座位移关系

在支座位移加载过程中,由于支座位移引起塔架内力变化较大的杆件主要分布在塔架沿支座位移方向的 F 面和 B 面。F 面和 B 面呈对称关系,杆件内力变化基本相同,因此以 F 面为例对杆件进行受力分析。

图 3-33 为试验中 F 面交叉斜材杆件应力与支座位移的关系曲线。杆件应力值为杆件上同一位置各测点应变片数据的平均值。由图 3-33 分析可知,在支座位移加载过程中,F 面第一交叉斜材(杆件 F10 和 F11)和第三交叉斜材(杆件 F14)主要承受压力,第二交叉斜材(杆件 F12 和 F13)主要承受拉力,由此可知沿支座位移方向相邻斜材呈"一拉一压"的受力状态。由图 3-33 还可知,交叉斜材杆件应力均存在极值,极值后杆件承载力下降。当支座位移为 12.06 mm 时,第一交叉斜材杆件 F10 和 F11 率先达到极值点,极值后杆件应力下降,但杆件 F11 的应力下降速度较杆件 F10 快,随后其他交叉斜材杆件应力出现下降。结合试验现象可得,交叉斜材杆件应力出现下降主要是由于第一交叉斜材发生受压屈曲失稳破坏。

图 3-34 和图 3-35 分别为第一交叉斜材和第二交叉斜材的杆件应力与支座位移的关系曲线。由图 3-34 和图 3-35 可得,在支座位移加载前,交叉斜材杆件在风荷载作用下的初始受力状态不同,杆件 F10 和 F12 承受拉应力,杆件 F11 和 F13 承受压应力;第一和第二交叉斜材两杆件的应力变化曲线大致呈平行状态。由此可得:塔架在风荷载作用下,沿风向斜向

下的交叉斜材杆件受压,斜向上的杆件受拉,且在支座位移加载过程中第一交叉斜材受压杆的压应力一直大于受拉杆的压应力。

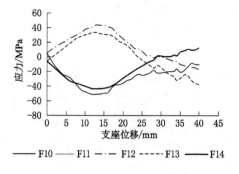

图 3-33　交叉斜材杆件应力变化曲线

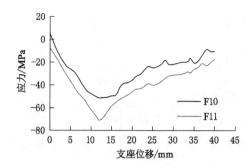

图 3-34　第一交叉斜材杆件应力变化曲线

图 3-36 至图 3-40 为 F 面交叉斜材杆件应力变化曲线的试验与有限元结果对比图。由图 3-36 至图 3-40 可知,模型试验与有限元分析得到的交叉斜材杆件应力结果整体变化趋势基本一致。根据模型试验得到杆件最大应力值对应的极限支座位移为12.06 mm,有限元分析得到的极限支座位移为 13.00 mm,两者相差 7.23%。由图 3-36 至图 3-40 还可得,在支座位移加载前,交叉斜材杆件在风荷载作用下产生的初始应力值较小,模型试验得到的杆件最大初始应力值为 7.42 MPa,有限元分析得到的杆件最大初始应力值为 3.79 MPa。

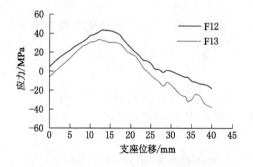

图 3-35　第二交叉斜材杆件应力变化曲线

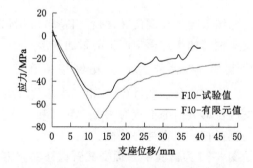

图 3-36　杆件 F10 试验与有限元结果对比图

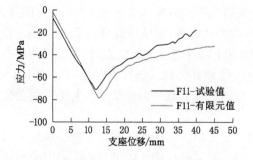

图 3-37　杆件 F11 试验与有限元结果对比图

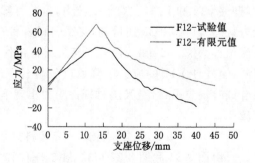

图 3-38　杆件 F12 试验与有限元结果对比图

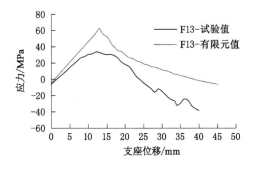

图 3-39 杆件 F13 试验与有限元结果对比图

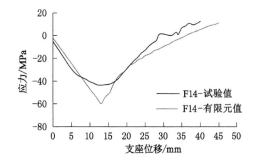

图 3-40 杆件 F14 试验与有限元结果对比图

虽然试验和有限元得到的极限支座位移值非常接近,但其最大应力值有一定的差别。图 3-41 为交叉斜材杆件最大应力试验值与有限元计算值的对比图。由图 3-41 可知,有限元计算得到的杆件最大应力值均大于试验值,杆件 F10～F14 的最大应力试验值分别为有限元计算值的 70.56%、90.46%、63.86%、54.14% 和 72.57%。第一交叉斜材杆件 F11 最大应力值两者最为接近,同时其应力变化曲线两者吻合程度也最高,由此可见模型试验中铁塔结构破坏杆件的受力变化情况与有限元软件的计算结果最为接近。

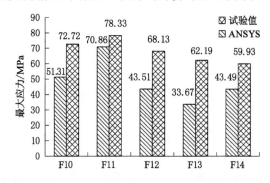

图 3-41 交叉斜材杆件最大应力试验与有限元结果对比图

3.7.2 30 m/s 风速风荷载工况

3.7.2.1 荷载—位移关系

图 3-42 和图 3-43 为水平风荷载加载阶段作动器和手拉葫芦的荷载—位移关系曲线。由图 3-42 可见,在水平风荷载加载过程中,作动器的荷载—位移关系曲线基本呈线性变化,且曲率也基本没有发生变化。同时,拉线 9 和拉线 10 的荷载—位移曲线基本重合,由此可知:作动器在风荷载加载过程中加载准确,T 型梁 H 型钢未出现偏离或扭转现象。

由图 3-43 可见,在加载初期,手拉葫芦的荷载—位移关系基本呈线性变化;当荷载为 10 kN 左右时,曲线出现一个拐点,随后曲线斜率略有减小,这主要是由于随着风荷载的增大,螺栓滑移、二阶效应等因素导致铁塔出现轻微的刚度退化现象,但随后的荷载—位移曲线基本呈线性。由图 3-42 和图 3-43 中的曲线整体变化趋势可知,在风荷载加载过程中,曲线并没有出现屈服平台,因此铁塔在风速为 30 m/s 的风荷载作用下并没有出现铁塔结构破坏的现象和特征。

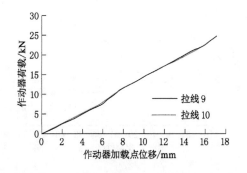

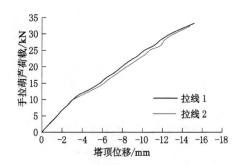

图 3-42　作动器荷载—位移关系曲线　　　图 3-43　手拉葫芦荷载—位移关系曲线

图 3-44 为风荷载加载过程中塔顶位移与风荷载之间的关系图。由图 3-44 可知,在风荷载加载过程中,试验模型塔顶主要产生向风荷载方向的水平位移,竖向位移较小。当风荷载为 100% 的设计风荷载时,塔顶最大水平位移值为 15.31 mm,最大竖向位移值为 3.59 mm。拉线 1 和拉线 2 的塔顶位移—风荷载曲线吻合程度较好,说明塔顶平面内扭转基本可忽略不计。

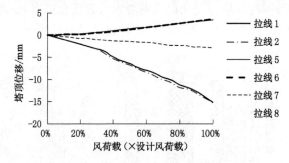

图 3-44　塔顶位移与风荷载的关系曲线

由图 3-44 分析,塔顶左侧产生向上的变形,塔顶右侧产生向下的变形,塔顶呈现在竖向平面内顺时针转动的变形状态。当风荷载为 100% 的设计风荷载时,塔顶在竖向平面内的转动角度为 0.24°。塔顶在竖向平面内顺时针方向出现转动变形的趋势与试验模型在风荷载作用下所承受的荷载状态相符。

综上所述,本试验采用作动器和手拉葫芦同步进行风荷载的加载方法方便、有效;在风荷载加载过程中,塔顶整体主要产生向风荷载方向的水平移动,并且在竖向平面内顺时针方向产生轻微的转动。

3.7.2.2　塔顶位移—支座位移关系

图 3-45 给出了支座位移加载过程中塔顶水平位移与支座位移的关系。由图 3-45 分析可得,随着支座位移的变化,塔顶主要呈整体向沿支座位移方向水平移动,最大位移值为 35.15 mm,垂直支座位移方向的水平位移很小,在塔顶水平面内产生的扭转基本可忽略不计。

图 3-46 为支座位移加载过程中塔顶竖向位移与支座位移的关系曲线。由图 3-46 可知,随着支座位移的变大,塔顶整体出现向下的竖向位移,竖向最大位移值为 3.59 mm。

图 3-47 为支座位移加载过程中塔顶 2 号拉线式位移处沿支座位移方向水平位移—支

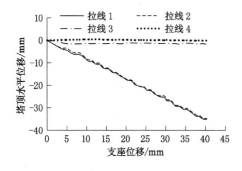
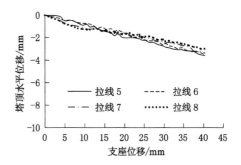

图 3-45　塔顶水平位移—支座位移关系曲线　　　图 3-46　塔顶竖向位移—支座位移关系曲线

座位移关系的试验结果与 ANSYS 有限元分析结果对比图。由图 3-47 可知,有限元结果与试验结果得到的塔顶位移—支座位移关系曲线吻合较好。当支座位移为 40 mm 时,试验结果为 34.71 mm,有限元计算结果为 30.48 mm,两者相差 12.19%。由此可得:有限元软件能有效计算铁塔在支座位移加载过程中产生的附加变形,分析得到的地表变形对输电铁塔产生的附加变形规律具有较高的可靠性。

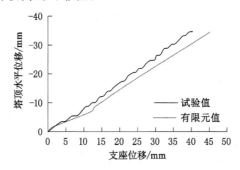

图 3-47　塔顶水平位移试验结果与有限元结果对比图

3.7.2.3　杆件应力—支座位移关系

图 3-48 为试验中 F 面交叉斜材杆件应力与支座位移的关系曲线。由图 3-48 可知,在支座位移加载过程中,F 面第一交叉斜材(杆件 F10 和 F11)和第三交叉斜材(杆件 F14)主要承受压力,第二交叉斜材(杆件 F12 和 F13)主要承受拉力,由此可知沿支座位移方向相邻斜材呈现"一拉一压"的受力状态。

由图 3-48 中还可知,交叉斜材杆件应力均存在极值,极值后杆件承载力下降。当支座位移为 10.59 mm 时,第一交叉斜材杆件 F11 率先达到极值点,极值后杆件应力下降,随后其他交叉斜材杆件应力出现下降。结合试验现象可得,交叉斜材杆件应力出现下降主要是由于第一交叉斜材杆件 F11 发生受压屈曲失稳破坏。

图 3-49 和图 3-50 分别为第一交叉斜材和第二交叉斜材的杆件应力与支座位移的关系曲线。由图 3-49 和图 3-50 可得,在支座位移加载前,交叉斜材杆件在风荷载作用下的初始受力状态不同,交叉斜材沿风向斜向下杆件 F11、F13 和 F14 受压,斜向上杆件 F10 和 F12 受拉;第一和第二交叉斜材两交叉杆件的应力变化曲线大致呈平行状态,且两者相差较大。第一交叉斜材杆件 F10 的最大应力为杆件 F11 的 31.76%,第二交叉斜材杆件 F13 的最大

应力为杆件 F12 的 67.07%,这主要是由于支座位移加载前杆件在风荷载作用下产生的初始应力不同。

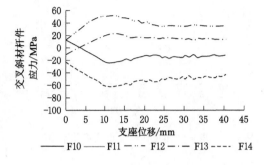

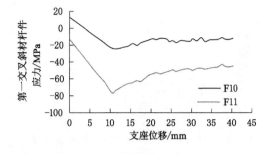

图 3-48　交叉斜材杆件应力变化曲线　　　　图 3-49　第一交叉斜材杆件应力变化曲线

图 3-51 至图 3-55 为 F 面交叉斜材杆件应力变化曲线的试验与有限元结果对比图。由图 3-51 至图 3-55 可知,模型试验与有限元分析得到的交叉斜材杆件应力结果整体变化趋势基本一致。根据模型试验得到的极限支座位移为 10.59 mm,有限元分析得到的极限支座位移为 12.00 mm,两者相差 11.75%。

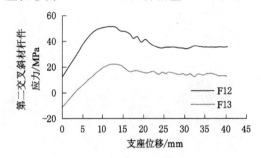

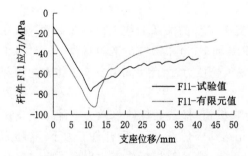

图 3-50　第二交叉斜材杆件应力变化曲线　　　图 3-51　杆件 F10 试验与有限元结果对比图

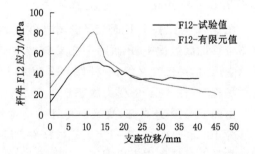

图 3-52　杆件 F11 试验与有限元结果对比图　　图 3-53　杆件 F12 试验与有限元结果对比图

图 3-56 为支座位移加载前,交叉斜材杆件在风荷载作用下产生的初始应力的试验值和有限元值对比图。由图 3-56 可知,试验得到的初始应力绝对值均小于有限元值,前者与后者的比值在 46.64%～85.34%之间。

图 3-57 为交叉斜材杆件最大应力试验值与有限元计算值的对比图。由图 3-57 可知,有限元计算得到的杆件最大应力值均大于试验值,杆件 F10～F14 的最大应力试验值分别

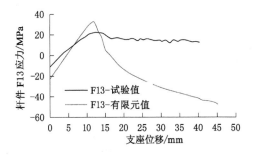

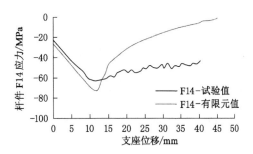

图 3-54　杆件 F13 试验与有限元结果对比图　　　　图 3-55　杆件 F14 试验与有限元结果对比图

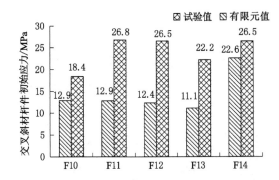

图 3-56　交叉斜材杆件初始应力试验与有限元结果对比图

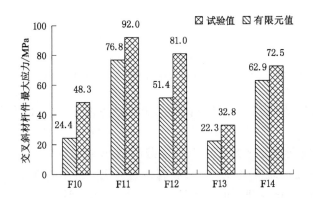

图 3-57　交叉斜材杆件最大应力试验与有限元结果对比图

为有限元计算值的 50.43％、83.43％、63.50％、67.80％和 86.71％。

3.7.3　风荷载对输电铁塔抗地表变形性能的影响规律

　　图 3-58 和图 3-59 分别为风速为 0 m/s、15 m/s 和 30 m/s 3 种荷载工况下,模型试验和有限元分析得到的关键杆件 F10 应力与支座位移的关系曲线。

　　由图 3-58 和图 3-59 可得,模型试验和有限元分析得到的杆件 F10 应力与支座位移的关系曲线整体变化趋势大致相同,杆件应力均存在极值点。在无风荷载作用时,由于竖向重力荷载的作用,杆件 F10 在支座位移加载前的初始受力状态为受压,在有风荷载作用时,杆件 F10 在竖向重力荷载和水平风荷载共同作用下的初始受力状态为受拉,且风荷载越大,

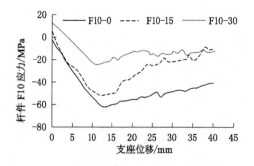

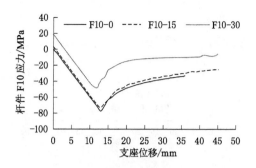

图 3-58　模型试验得到的杆件 F10 应力　　　图 3-59　有限元分析得到的杆件 F10 应力
　　　　变化曲线对比图　　　　　　　　　　　　　　变化曲线对比图

初始拉应力越大。

图 3-60 为杆件 F10 最大应力与风荷载的关系曲线。由图 3-60 可知,在 3 种荷载工况下,杆件 F10 的最大应力试验值均小于有限元计算值,前者与后者的比值分别为 80.43%、70.56%和 50.42%。

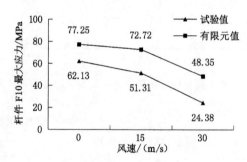

图 3-60　杆件 F10 最大应力与风荷载的相关关系

对比分析杆件 F10 最大应力值随风荷载的变化趋势可得:杆件最大应力随着风荷载的增大而减小。当风荷载风速从 0 m/s 增大至 15 m/s 时,杆件最大应力减小幅度较小,15 m/s 风速下杆件最大应力试验值比无风荷载时减小了 17.41%,有限元计算值减小了 5.86%;当风速从 15 m/s 增大至 30 m/s 时,杆件最大应力减小幅度较大,30 m/s 风速下杆件最大应力试验值比 15 m/s 风速时减小了 52.48%,有限元计算值减小了 33.51%。这主要是由于支座位移加载前杆件 F10 在风荷载作用下产生了初始拉应力,由此抵消了一部分由支座位移产生的杆件压应力。

在 30 m/s 风速风荷载工况下,杆件 F10 的最大应力远小于无风荷载时的最大应力,即杆件 F10 在极限支座位移时远没有达到其极限承载能力。因此,杆件 F10 在试验过程中没有发生受压失稳破坏,其产生平面外的变形是由于杆件 F11 在失稳破坏时通过交叉斜材中点螺栓节点对其产生了平面外的水平力,这验证了杆件 F11 的变形明显大于杆件 F10 的试验现象。

图 3-61 和图 3-62 分别为风速为 0 m/s、15 m/s 和 30 m/s 的 3 种荷载工况下,模型试验和有限元分析得到的关键杆件 F11 应力与支座位移的关系曲线。

由图 3-61 和图 3-62 可得,在支座位移加载前,杆件 F11 在风荷载作用下的初始受力状

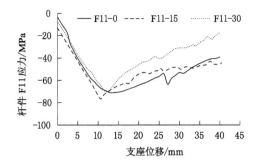

图 3-61 模型试验得到的杆件 F11 应力
变化曲线对比图

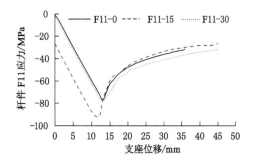

图 3-62 有限元分析得到的杆件 F11 应力
变化曲线对比图

态为受压,且杆件 F11 的初始压应力随着风荷载的增大而增大,但试验值和有限元值存在一定的差别。当支座位移为 0 时,模型试验得到杆件 F11 在风速为 0 m/s、15 m/s 和 30 m/s 3 种荷载工况下的初始压应力分别为 3.28 MPa、7.42 MPa 和 12.85 MPa,有限元分析得到的初始压应力分别为 0.71 MPa、1.77 MPa 和 26.76 MPa。

由图 3-61 和图 3-62 还可得,模型试验和有限元分析得到的杆件应力与支座位移的关系曲线整体变化趋势大致相同。当支座位移小于极限支座位移值时,杆件应力与支座位移基本呈线性关系,且斜率基本相同。当支座位移大于极限支座位移值时,杆件应力开始减小,但并不会出现应力骤降的现象,且支座位移加载至 40 mm 时杆件仍存在 20 MPa 以上的压应力,这说明塔架在支座位移作用下部分杆件发生破坏,承载力下降,但整体仍具有抵抗地表变形的能力。这主要是由于塔架结构为多角钢连接而成的高次超静定空间结构,铁塔中的拉杆一般为强度破坏,压杆多数为失稳破坏,本研究的支座位移工况下,铁塔的破坏形式为杆件的受压失稳破坏,杆件失稳后仍存在屈曲后承载力,失稳的杆件对于铁塔的整体刚度仍然有所贡献,不会马上丧失整体稳定性。

对比分析图 3-61 中的 3 条曲线可以得到,杆件 F11 的应力达到极值点后,有风荷载工况下杆件应力的下降速度比无风荷载工况要快,这主要是由于在风荷载作用下,塔架产生了水平变形,从而导致塔顶竖向荷载由于偏心产生二阶效应,加快了塔架的刚度退化速度。

在 3 种荷载工况下的支座位移加载试验中,杆件 F11 均为破坏杆件,因此其杆件最大应力对应的支座位移值即为铁塔结构能够承受的极限支座位移。图 3-63 为极限支座位移与风荷载的关系曲线。由图 3-63 可知,在 0 m/s、15 m/s 和 30 m/s 风速风荷载工况下,模型试验和有限元分析得到的极限支座位移值比值分别为 100.46%、92.77% 和 88.25%。

由图 3-63 还可知,随着风荷载的增大,试验和有限元分析得到的极限支座位移值均有所减小。对比分析 0 m/s 和 30 m/s 风速下的极限支座位移值,试验值后者比前者减小了 18.91%,有限元分析值减小了 7.69%。由此可得:风荷载对输电铁塔的抗地表变形性能具有不利影响,风荷载越大,越不利。

图 3-64 为杆件 F11 最大应力与风荷载的关系曲线。由图 3-64 分析可得,在 3 种荷载工况下,杆件 F11 的最大应力试验值与有限元计算值相差不大,且试验值均小于有限元计算值,前者与后者的比值分别为 92.34%、90.46% 和 83.44%。

对比分析图 3-64 中杆件 F11 最大应力值随风荷载变化的趋势可得:当风荷载风速从

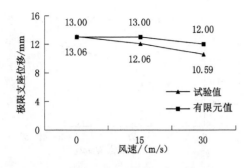

图 3-63 极限支座位移与风荷载的关系曲线

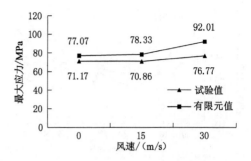

图 3-64 杆件 F11 最大应力与风荷载的关系曲线

0 m/s 增大至 15 m/s 时,杆件最大应力基本没有发生变化,但风速增加至 30 m/s 后,杆件最大应力则出现较明显的增长,杆件最大应力试验值比无风荷载时增加了 7.87%,有限元计算值增加了 19.38%。

当无风荷载或风荷载较小时,在支座位移加载过程中,杆件 F11 的压应力与杆件 F10 基本相同,因此杆件 F11 和 F10 基本同时达到稳定承载能力出现失稳破坏。根据《架空送电线路杆塔结构设计技术规定》(DL/T 5154—2012)中规定的交叉斜材计算长度公式 (3-1),此时杆件 F11 的计算长 $L_0 \approx L$。当风荷载较大时,在支座位移加载过程中,杆件 F11 的压应力明显大于杆件 F10,杆件 F11 先于杆件 F10 发生受压失稳破坏。杆件 F10 在交叉斜材螺栓连接节点处对杆件 F11 具有一定的平面外约束作用,减小了杆件 F11 的计算长度,此时杆件 F11 的计算长度 $L_0 < L$,增强了杆件 F11 的稳定承载力。

$$L_0 = \sqrt{0.5(1 + N_0/N)} \cdot L \tag{3-1}$$

式中 L_0——交叉斜材计算长度;

   L——所计算杆长度;

   N——所计算杆的内力,取绝对值;

   N_0——相交另一杆的内力,取绝对值,两根斜材同时受压时,$N_0 \leqslant N$。

当风速为 30 m/s 时,根据《架空送电线路杆塔结构设计技术规定》(DL/T 5154—2012) 计算得到杆件 F11 的稳定承载力比无风荷载时增大了 21.44%,有限元计算结果增大了 19.38%,模型试验结果增大了 7.88%。由此可得,交叉斜材杆件 F11 的稳定承载力随着风荷载的增大而增大。有限元计算结果与理论计算结果较为接近,模型试验结果与理论计算结果存在一定偏差。

3.8   本章小结

(1) 在风荷载加载过程中,塔顶整体主要产生向风荷载方向的水平移动,并且在竖向平面内顺时针方向产生非常轻微的转动。

(2) 塔架在风荷载作用下,交叉斜材沿风向斜向下杆件受压,斜向上杆件受拉,风荷载越大,杆件在风荷载作用下产生的初始应力越大,并且在支座位移加载过程中第一交叉斜材沿风向斜向下杆件的压应力始终大于斜向上杆件的压应力。

(3) 风速为 0 m/s、15 m/s 和 30 m/s 3 种荷载工况下,输电铁塔在双支座水平拉伸作用下的主要破坏形式均为沿支座位移加载方向的第一交叉斜材受压失稳破坏,但随着风荷载的增大,第一交叉斜材沿风向斜向下杆件率先发生平面外失稳,风荷载越大,第一交叉斜材两杆件变形量相差越大,其破坏符合杠杆原理。

（4）模型试验和有限元分析得到铁塔变形与支座位移的关系曲线以及塔架破坏形式吻合较好,说明数值模拟可有效计算铁塔在支座位移加载过程中产生的附加变形,并能准确模拟其破坏型式。

（5）3种荷载工况下,模型试验与有限元分析得到的塔架杆件受力整体变化趋势基本相近,两者极限支座位移值相差最大为 11.75%,破坏杆件 F11 的最大应力值相差最大为16.56%。可见,数值模拟能够有效分析铁塔结构在地表变形中的杆件受力变化情况,并能较好预测输电铁塔的极限支座位移。

（6）随着风荷载的增大,破坏杆件 F11 的最大应力值增大,但其极限支座位移值减小。风速为 30 m/s 的风荷载工况与无风荷载工况相比,破坏杆件 F11 的最大应力试验值和有限元计算值分别增大了 7.87% 和 19.38%,极限支座位移试验值和有限元计算值分别减小了 18.91% 和 7.69%。可见,风荷载对输电铁塔的抗地表变形性能具有不利影响,且风荷载越大越不利。

4 输电铁塔抗地表变形性能的
有限元模拟研究

采用 ANSYS 软件,建立 1B-ZM3 输电铁塔的有限元模型,获得铁塔在不同地表变形工况下的破坏形态、杆件应力和极限支座位移值,分析支座反力、典型杆件应力和变形随地表变形的变化规律,研究单独地表变形和复合地表变形对输电铁塔受力和变形的影响规律,为采动区输电铁塔的抗变形设计及其安全性评价提供参考。

4.1 输电铁塔有限元模型的建立

4.1.1 有限元模型的建立

4.1.1.1 建模方法和原则

目前,在有限元模拟中有 3 种塔架建模方式,即桁架模型、梁桁混合模型和刚架模型。赵滇生[22]、陈建稳[26]的研究均表明,空间桁架模型建模和计算都最简单,但计算精度最低,而空间刚架模型的计算精度最高,但建模时必须输入截面主惯性轴的方向,工作量很大,而且会导致对计算机内存需求的成倍增长,计算时间也会明显增加。梁桁混合模型的建模和计算工作量以及计算精度都居中。因此,结合计算精度要求以及计算机硬件条件,在本书的研究中,所建塔架模型均采用梁桁混合模型。

在建模过程中具体采用以下方法进行建模:① 主材、交叉斜材均采用三维梁单元 Beam188 进行模拟,可考虑其拉、压、弯、剪、扭的能力,该单元可以进行大变形分析,能实现端部节点的单边约束,也能使模型中角钢的方向与实际结构完全一致,从而最大限度减小计算误差;② 辅助材则用二维拉压杆单元 Link180 进行模拟,只考虑其拉、压能力;③ 对于铁塔内各交叉斜材之间的联结螺栓,采用节点耦合的方式进行模拟,即在计算中令两个斜材相交处结点的 X、Y、Z 3 个方向向线位移完全相同,但不考虑转动的互相约束;④ 铁塔 4 个支座与基础的连接通过约束 X、Y、Z 3 个方向的平动自由度 UX、UY、UZ 和转动自由度 ROTX、ROTY、ROTZ 进行模拟;⑤ 采用将导线和地线荷载直接施加在铁塔相应的节点上的方法模拟导地线在输电铁塔上产生的力;⑥ 假设输电铁塔基础不发生破坏或者较大的变形,直接通过对铁塔底部 4 个支座节点施加位移来模拟采动地表移动和变形引起的铁塔独立基础的位移,且对其转动进行约束。

本书采用自底向上的建模方式,并根据以上建模方法和原则,采用 ANSYS 有限元软件建立 1B-ZM3 输电铁塔梁桁混合有限元模型,如图 4-1 所示。坐标系采用笛卡儿直角坐标系,XOY 平面取为水平面,X 轴为铁塔短向(沿线路方向),Y 轴为铁塔长向(垂直线路方向),Z 轴为铅直方向,并且规定向上为正。

图 4-1　1B-ZM3 输电铁塔有限元模型

4.1.1.2　材料模型

在对模型材料进行定义时需考虑材料非线性的影响。本书中利用钢材理想弹塑性本构关系来模拟钢材的材料非线性行为。Q235 和 Q345 钢材的弹性模量为 206×10^3 N/mm^2,泊松比为 0.3,考虑到节点板等重量,根据建模后仅考虑自重的计算结果与输电塔施工图材料表统计结果比较,取密度为 $7\,850 \times 1.26 = 9\,891$ kg/m^3。Q235 钢和 Q345 钢的应力—应变关系如图 4-2 所示。

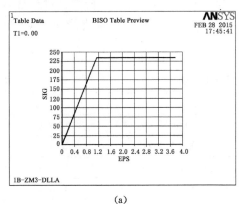
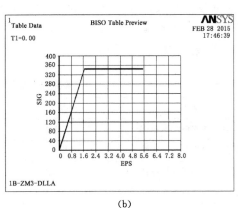

(a)　　　　　　　　　　　　　　　(b)

图 4-2　钢材应力—应变曲线

(a) Q235 钢材应力—应变曲线;(b) Q345 钢材应力—应变曲线

屈服准则规定材料开始塑性变形时的应力状态,本书采用 von Mises 屈服准则,即当等效应力超过材料的屈服应力时,将会发生塑性变形,可写为:

$$\sigma_e - \sigma_y = 0 \tag{4-1}$$

式中　σ_e——等效应力;

σ_y——屈服应力。

等效应力 σ_e 可用以下两个公式计算：

$$\sigma_e = \sqrt{\frac{1}{2}\left[(\sigma_1 - \sigma_2)^2 + (\sigma_2 - \sigma_3)^2 + (\sigma_1 - \sigma_3)^2\right]} \quad (4\text{-}2)$$

$$\sigma_e = \sqrt{\frac{1}{2}\left[(\sigma_x - \sigma_y)^2 + (\sigma_y - \sigma_z)^2 + (\sigma_z - \sigma_x)^2 + 6(\tau_{xy}^2 + \tau_{yz}^2 + \tau_{xz}^2)\right]} \quad (4\text{-}3)$$

式中　　$\sigma_1, \sigma_2, \sigma_3$——主应力；

$\sigma_x, \sigma_y, \sigma_z, \tau_{xy}, \tau_{yz}, \tau_{xz}$——应力分量。

4.1.2　输电铁塔极限支座位移判断准则

根据有限元模拟结果，本研究确定输电铁塔极限支座位移判断准则（以先发生为准）如下：

（1）主材、斜材或横隔材杆件轴力—挠度曲线出现极值，发生失稳破坏；

（2）主材或斜材杆件发生全截面屈服；

（3）结构位移（主要指倾斜）超出《架空输电线路运行规程》（DL/T 741—2010）[109] 的限值；

（4）如果上述情况均未发生，则以 ANSYS 计算无法收敛时的支座位移值作为输电铁塔结构的极限支座位移。

4.2　单独地表变形对输电铁塔的影响规律研究

4.2.1　荷载条件和单独地表变形工况

在长期的荷载组合下，铁塔大部分时间处于正常运行工况，因此以下研究针对正常运行工况进行。单独地表变形加载工况汇总于表 4-1。本书中长向对应于垂直线路方向，短向对应于沿线路方向。

表 4-1　　　　　　　　　　　　　单独地表变形加载工况汇总表

变形工况	简写名称	变形工况	简写名称
长向单独支座水平拉伸	SLLA	长向双支座水平压缩	DLYA
长向单独支座水平压缩	SLYA	短向双支座水平拉伸	DNLA
短向单独支座水平拉伸	SNLA	短向双支座水平压缩	DNYA
短向单独支座水平压缩	SNYA	长向双支座竖向下沉	DLSHU
单独支座竖向下沉	SSHU	短向双支座竖向下沉	DNSHU
长向双支座水平拉伸	DLLA		

注：表中 S 全拼 Single，代表单支座；D 全拼 Double，代表双支座；L 全拼 Long，代表长向；N 全拼 Narrow，代表短向；
LA 代表拉伸；YA 代表压缩；SHU 代表竖向下沉。

根据初步分析，在绝大部分工况下，铁塔构件中受影响较大的大部分在第二横隔以下，且发生屈服和失稳破坏的杆件也以交叉斜材和横隔材为主，主材未发现全截面屈服和失稳破坏现象。因此为节约篇幅，本节以分析塔腿到第二横隔之间的交叉斜材和横隔材的受力为主，对其他杆件不再做具体说明。

为方便比较和说明,对铁塔宽面和窄面的主要杆件进行编号,并规定了塔顶位移控制点,如图4-3所示。

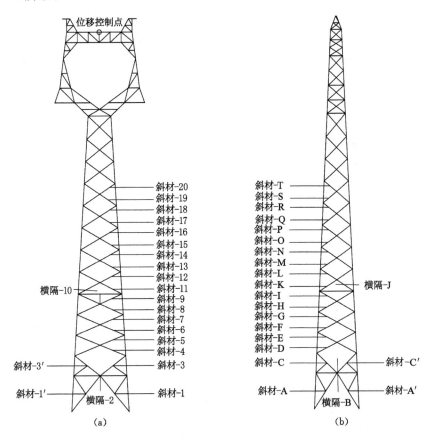

图 4-3　1B-ZM3 铁塔主要杆件编号及位移控制点示意图

4.2.2　长向单独支座水平拉伸(SLLA)

长向单独支座水平拉伸变形工况示于图4-4(a)中,其中支座编号代表在有限元模型中的对应关键点编号,圆圈代表对该支座施加位移,箭头代表位移方向,余同。铁塔最终变形结果示于图4-4(b)至图4-4(d)中。

需要说明的是,在所有的工况中,第二横隔以上斜材受力均较小,且均未发生失稳破坏或屈服情况。故限于篇幅,在下文中只列出第二横隔以下(即横隔材-10和横隔材-J以下部分)主要杆件的内力和变形结果。

铁塔主要支座反力及杆件轴力变化示于图4-5中。

现结合图4-4和图4-5,对在单支座长向水平拉伸作用下铁塔的变形和受力特点做具体的分析。

由图4-4可知,在长向单支座水平拉伸作用下,铁塔最终破坏以宽面内交叉斜材4-5的平面外屈曲破坏为主。塔腿由于自身刚度较大,故变形较小,其变形以整体绕上端横隔边节点转动为主。由图4-4(d)还可知,发生破坏的杆件大部分位于支座1和2一侧的桁架上,此面上桁架与支座位移荷载相平行,变形较大的杆件集中在最底部横隔材的附近。横隔由于

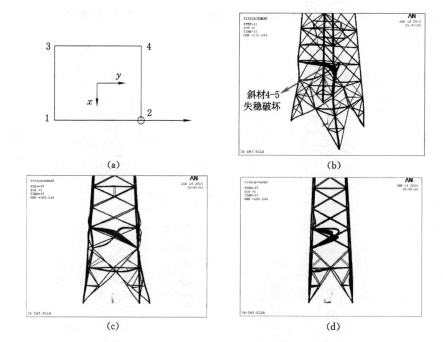

图 4-4 长向单支座水平拉伸加载简图和变形结果

(a) 加载简图；(b) 最终破坏形态 (放大 20 倍)；

(c) 正面破坏情况 (放大 20 倍)；(d) 侧面破坏情况 (放大 20 倍)

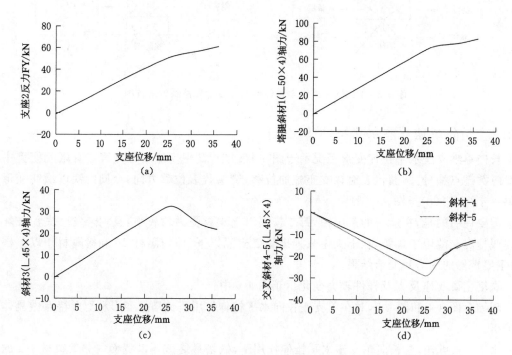

图 4-5 支座反力、主要杆件轴力与支座位移的关系曲线

(a) 支座 2 反力 FY；(b) 塔腿斜材 1(∟50×4) 轴力；

(c) 斜材 3(∟45×4) 轴力；(d) 交叉斜材 4-5(∟45×4) 轴力

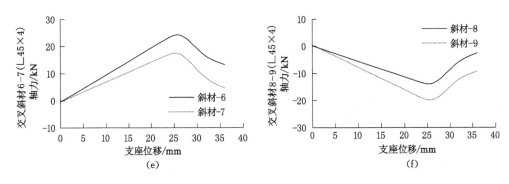

续图 4-5　支座反力、主要杆件轴力与支座位移的关系曲线

(e) 交叉斜材 6-7(∟45×4)轴力；(e) 交叉斜材 8-9(∟45×4)轴力

自身平面内刚度比较大，成为发生变形的塔主材(2 处主材)的弹性支撑点。

由图 4-5 分析可知，在长向单独支座水平拉伸位移变化过程中，斜材 4-5、斜材 8-9 以受压为主，斜材 6-7 以受拉为主。当支座位移为 25 mm 时，支座 1 和 2 一侧的 4-5 斜材发生平面外屈曲失稳，随后整个宽面内杆件内力发生调整，各杆件拉、压内力均有大幅度降低，随后变形加剧，且铁塔支座反力与位移的关系曲线逐渐趋于平缓。其上部主材在横隔边节点及交叉斜材的支座作用下发生类似多跨超静定梁的挠曲变形。当位移达到 36 mm 时，计算无法收敛，此时结构变形已经非常明显。

综上所述，在 SLLA 作用下，铁塔的破坏应以 4-5 斜材的屈曲失稳为标志，它是整体结构弹性工作状态的结束，故其极限支座位移为 25 mm。

4.2.3　长向单独支座水平压缩(SLYA)

在 SLYA 工况[图 4-6(a)]下，结构的最终变形情况示于图 4-6(b)至图 4-6(d)。由图 4-6 可见，在长向单支座水平压缩作用下，铁塔最终破坏以宽面塔腿斜材 1 的屈曲变形为主。

支座反力、典型杆件的轴力变化示于图 4-7。

由图 4-7 所示，宽面斜材中斜材 1、3、6-7 为受压杆件，4-5、8-9 为受拉杆件，且在初始阶段随着支座位移增大，各杆件内力均线性增大。当支座位移达到 19.5 mm 时，塔腿斜材 1 发生平面外变形屈曲[图 4-6(d)、图 4-7(b)]，塔腿斜材 1 杆件轴力率先出现下降。随后整个窄面内杆件内力发生调整，当支座位移为 22 mm 时，支座反力和其他斜材杆件轴力出现下降。

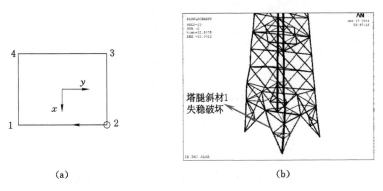

图 4-6　长向单支座水平压缩加载简图和变形结果

(a) 加载简图；(b) 塔腿破坏形态(放大 20 倍)

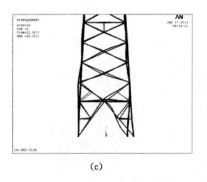 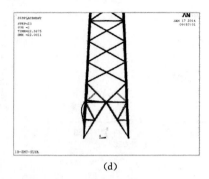

(c)   (d)

续图 4-6   长向单支座水平压缩加载简图和变形结果

(c)正面破坏情况(放大 20 倍);(d)侧面破坏情况(放大 20 倍)

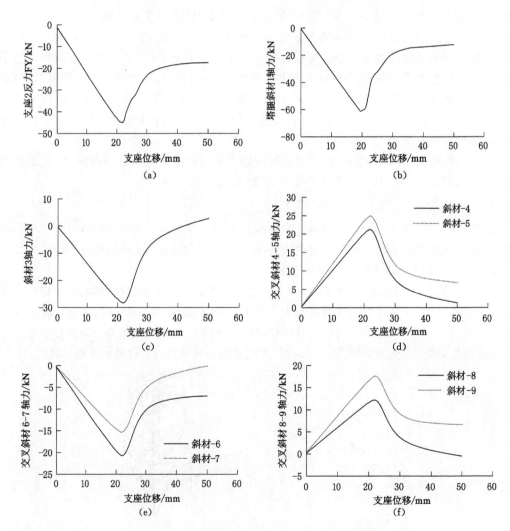

图 4-7   支座反力、主要杆件轴力与支座位移的关系曲线

(a)支座 2 反力 FY;(b)塔腿斜材 1 轴力;(c)斜材 3 轴力;

(d)交叉斜材 4-5 轴力;(e)交叉斜材 6-7 轴力;(f)交叉斜材 8-9 轴力

综上所述,在 SLYA 工况下,铁塔的破坏应以塔腿斜材 1 的平面外失稳为标志,故取其极限支座位移为 19.5 mm。

4.2.4 短向单独支座水平拉伸(SNLA)

在 SNLA 工况[图 4-8(a)]作用下,结构的最终破坏情况示于图 4-8(b)至图 4-8(d)。由图 4-8 可见,在单支座短向拉伸变形作用下,铁塔主要的破坏和变形仍然发生在横隔附近,主要表现为 D-E 斜材的平面外失稳。

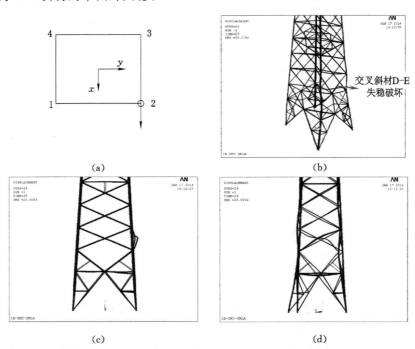

(a)   (b)

(c)   (d)

图 4-8 短向单支座水平拉伸加载简图和变形结果

(a) 加载简图;(b) 塔腿附近破坏形态(放大 10 倍);(c) 塔腿附近破坏形态(宽面,放大 10 倍);

(d) 塔腿附近破坏形态(窄面,放大 10 倍)

支座反力及典型受力杆件的轴力变化示于图 4-9。

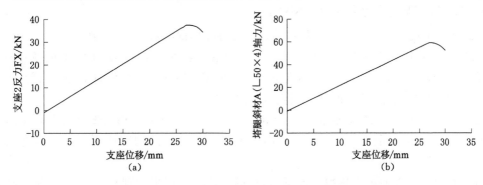

图 4-9 支座反力、主要杆件轴力与支座位移的关系曲线

(a) 支座 2 反力 FX;(b) 塔腿斜材 A(∟_50×4)轴力

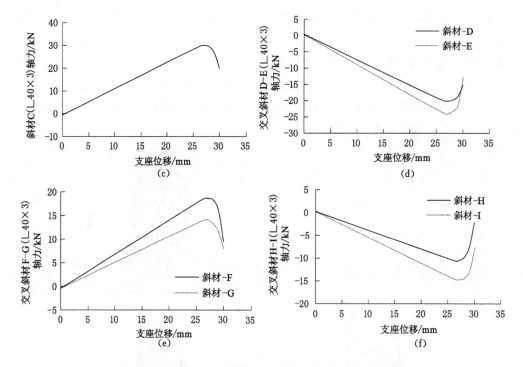

续图 4-9　支座反力、主要杆件轴力与支座位移的关系曲线

(c) 斜材 C(∟_40×3)轴力；(d) 交叉斜材 D-E(∟_40×3)轴力；

(e) 交叉斜材 F-G(∟_40×3)轴力；(f) 交叉斜材 H-I(∟_40×3)轴力

由图 4-9 可见,在短向单独支座水平拉伸位移变化过程中,斜材 D-E、斜材 H-I 以受压为主,斜材 F-G 以受拉为主。当支座位移为 27 mm 时,支座 2 和 3 一侧的 D-E 斜材发生平面外屈曲失稳[图 4-8(c)、图 4-9(d)],随后整个窄面内杆件内力发生调整,各杆件拉、压内力均出现下降。其上部主材在横隔边节点及交叉斜材的支座作用下发生类似多跨超静定梁的挠曲变形。当位移达到 30 mm 时,计算无法收敛,此时结构变形已经非常明显。

综上所述,在 SNLA 作用下,铁塔的破坏应以 D-E 斜材的平面外失稳破坏为标志,铁塔所能承受的极限支座位移为 27 mm。

4.2.5　短向单独支座水平压缩(SNYA)

在 SNYA 工况[图 4-10(a)]作用下,结构的最终破坏情况示于图 4-10(b)至图 4-10(d)。由图 4-10 可见,铁塔最终破坏主要表现为受压窄面塔腿斜材 A 的变形,主材出现轻微的变形,其他杆件未发现明显的变形。具体变形形态为塔腿绕窄面内塔腿斜材上部节点的转动。

支座反力及典型受力杆件的轴力变化示于图 4-11。

由图 4-11 可见,当支座位移达到 31 mm 时,支座 2 和 3 一侧的塔腿斜材 A 杆件受压发生平面外屈曲失稳,随后整个窄面内杆件内力发生调整,各杆件拉、压内力均出现轻微的下降。

因此,在单支座短向水平压缩工况下,铁塔的破坏状态以塔腿斜材 A 杆件受压失稳为标志,相应的极限支座位移为 31 mm。

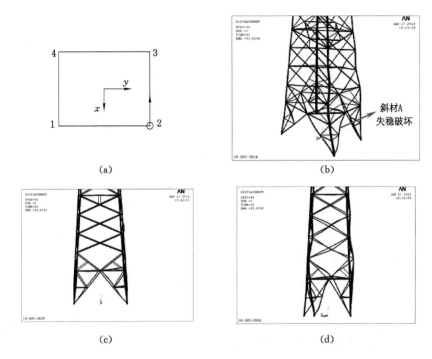

(a)

(b)

(c)

(d)

图 4-10　短向单支座水平压缩加载简图和变形结果

(a) 加载简图;(b) 塔腿附近破坏变形图;(c) 宽面破坏视图;(d) 窄面破坏视图

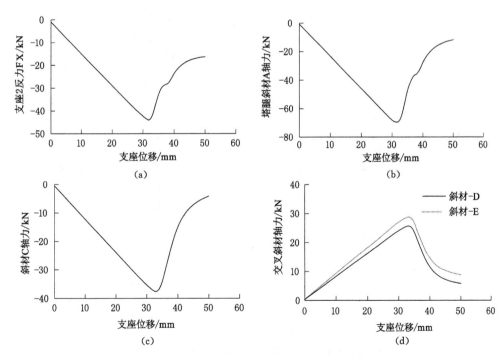

(a)

(b)

(c)

(d)

图 4-11　支座反力、主要杆件轴力与支座位移的关系曲线

(a) 支座 2 反力 FX ;(b) 塔腿斜材 A(∟50×4)轴力;

(c) 斜材 C(∟40×3)轴力;(d) 交叉斜材 D-E(∟40×3)轴力

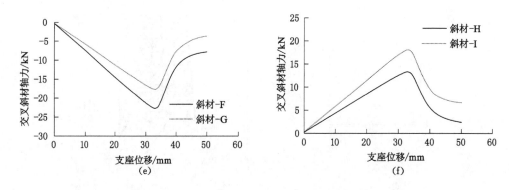

续图 4-11　支座反力、主要杆件轴力与支座位移的关系曲线

（e）交叉斜材 F-G（∟40×3）轴力；（f）交叉斜材 H-I（∟40×3）轴力

4.2.6　单独支座竖向下沉(SSHU)

在 DLLA 工况作用下,加载示意图和结构的最终破坏情况示于图 4-12。由图 4-12 可见,输电铁塔在单支座竖向下沉工况下,变形的杆件集中在根开较大侧塔腿斜材和靠近第一横隔的交叉斜材附近,最终破坏以根开较大侧塔腿斜材破坏为主,交叉斜材 4-5 中的 5 号杆件也发生了轻微的平面外失稳破坏。另外,铁塔本身的倾斜变形也很明显。

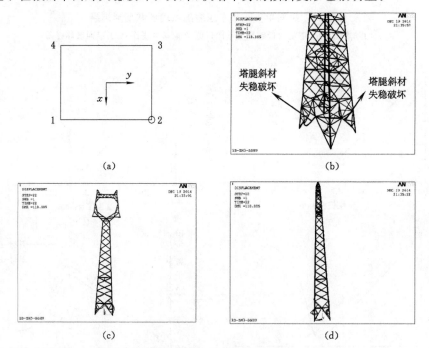

图 4-12　单独支座竖向下沉加载简图和变形结果

（a）加载简图；（b）铁塔整体破坏情况（放大 10 倍）；

（c）宽面破坏视图（放大 10 倍）；（d）窄面破坏视图（放大 10 倍）

加载过程中,支座反力、主要杆件的内力和控制点水平位移变化示于图 4-13 中。

由图 4-13 可见,当支座位移小于 16 mm 时,支座反力 FZ、各主要杆件的轴力和控制点

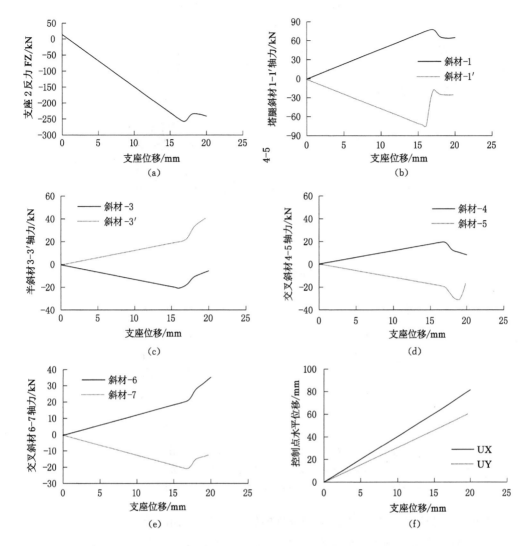

图 4-13   支座反力、主要杆件轴力和控制点位移与支座位移的关系曲线
(a) 支座 2 反力 FZ;(b) 塔腿斜材 1-1′轴力;(c) 半斜材 3-3′轴力;
(d) 交叉斜材 4-5 轴力;(e) 交叉斜材 6-7 轴力;(f) 控制点水平位移

水平位移均随着支座位移的增加而线性增大,各对斜材的轴力绝对值几乎相等但性质相反,均为"一拉一压"的受力情况。当支座位移等于 16 mm 时,塔腿斜材-1′率先出现受压失稳破坏,杆件轴力达到极值,随后出现下降。随后整个宽面内杆件内力发生调整,各杆件拉、压内力变化曲线均出现拐点。当支座位移为 20 mm 时,计算无法收敛,此时结构变形已经非常明显。

《架空输电线路运行规程》(DLT 741—2010)第 5.1.2 条规定:50 m 以下直线角钢塔的倾斜度的最大允许值为 1.0%。位移控制点的最大允许水平位移值为 1.0% H = 258 mm。由图 4-13(f)可知,在整个加载过程中控制点的位移未超出限值。

综上所述,在 SSHU 工况下,铁塔的极限状态以宽侧塔腿斜材-1′的平面外屈曲破坏为标志,故其极限位移为 16 mm。

4.2.7　长向双支座水平拉伸(DLLA)

图 4-14(a)为 DLLA 工况位移加载情况,图 4-14(b)至图 4-14(d)为塔架最后破坏的变形情况。由图 4-14 可见铁塔的最终破坏形态以斜材 4-5 的平面外失稳为主要特征。塔腿杆件变形较小,主要绕塔腿斜材上部节点转动。

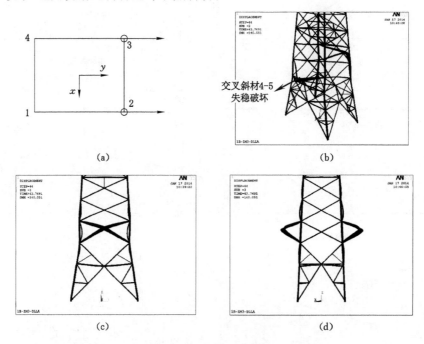

图 4-14　长向双支座水平拉伸加载简图和变形结果
(a)加载简图;(b)塔腿附近破坏形态(放大 10 倍);
(c)最终破坏形态(宽面,放大 10 倍);(d)最终破坏形态(窄面,放大 10 倍)

在整个加载过程中,支座反力及典型杆件的轴力变化情况示于图 4-15。

图 4-15(a)为位移支座的长向支座反力变化情况,在支座位移小于 25 mm 时,支座反力与位移呈线性关系,结构一直处于线弹性状态,结构是安全的;当位移大于 25 mm 后,支座反力开始减小,当位移大于 35 mm 之后反力几乎保持不变,此时支座反力约为极限反力的70%左右,说明此时结构已经进入明显的塑性阶段。

由图 4-15(d)至图 4-15(f)可见,上部交叉斜材受力由下到上依次表现为"压—拉—压"的受力特点,且其轴力绝对值随着高度的增大而逐步减小。

由图 4-15(c)可见,当位移小于 25 mm 时,斜材 4-5 受力处于弹性阶段,当位移超过 25 mm 之后,其轴力急速下降,整个受力变形过程体现出明显的极值点失稳的特征,其最大轴力为 26.61 kN。随后整个宽面内杆件内力发生调整,各杆件拉、压内力均有大幅度降低,随后变形加剧,且铁塔支座反力与位移的关系曲线出现下降,并逐渐趋于平缓。其上部主材在横隔边节点及交叉斜材的支座作用下发生类似多跨超静定梁的挠曲变形。当位移达到42.75 mm时,计算无法收敛,此时结构变形已经非常明显。

综上所述,在 DLLA 工况下,铁塔的极限状态以交叉斜材 4-5 的失稳破坏为标志,相应的极限支座位移为 25 mm。

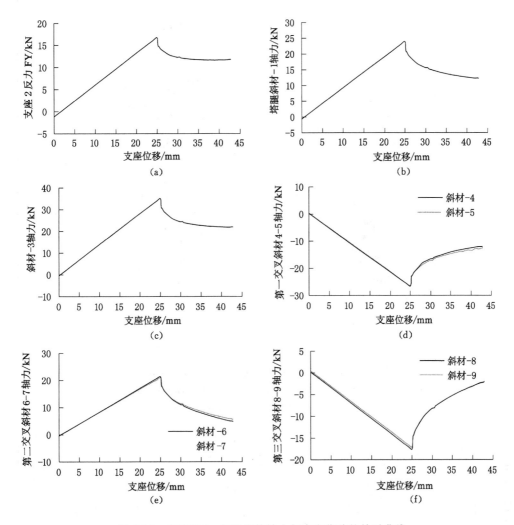

图 4-15 支座反力、主要杆件轴力与支座位移的关系曲线

(a) 支座 2 反力 FY；(b) 塔腿斜材-1 轴力；(c) 半斜材-3 轴力；

(d) 第一交叉斜材 4-5 轴力；(e) 第二交叉斜材 6-7 轴力；(f) 第三交叉斜材 8-9 轴力

4.2.8 长向双支座水平压缩(DLYA)

图 4-16(a)为 DLYA 工况位移加载情况，图 4-16(b)至图 4-16(d)为塔架最后破坏的变形情况，可以看出塔架的最后的变形情况，斜材 6-7 发生了出平面的失稳破坏。

在整个加载过程中，支座反力、典型杆件的轴力变化情况示于图 4-17。

由图 4-17(d)至图 4-17(f)可见，上部交叉斜材受力由下到上依次表现为"拉—压—拉"的受力特点，且其轴力绝对值随着到第一横隔的距离的增大而逐步减小。当支座位移为 33 mm 时，斜材 6-7 发生平面外屈曲失稳，造成结构内力调整，支座反力和各杆件轴力均有突降。当支座位移为 36.9 mm 时，部分单元变形过大从而导致计算无法继续。在整个加载过程中，主材未出现屈服现象。

综上所述，铁塔在 DLYA 工况下的极限状态以交叉斜材 6-7 的失稳破坏为标志，相应的极限位移为 33 mm。

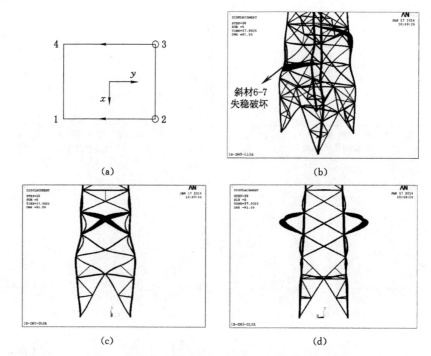

图 4-16　长向双支座水平压缩加载简图和变形结果

(a) 加载简图；(b) 塔腿附近破坏形态(放大 20 倍)；

(c) 塔腿附近破坏形态(宽面,放大 20 倍)；(d) 塔腿附近破坏形态(窄面,放大 20 倍)

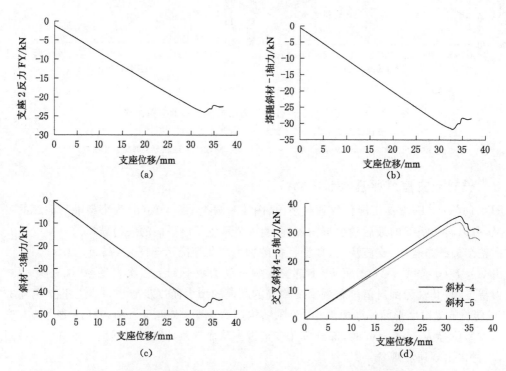

图 4-17　支座反力、主要杆件轴力与支座位移的关系曲线

(a) 支座 2 反力 FY；(b) 塔腿斜材-1 轴力；(c) 斜材-3 轴力；(d) 交叉斜材 4-5 轴力

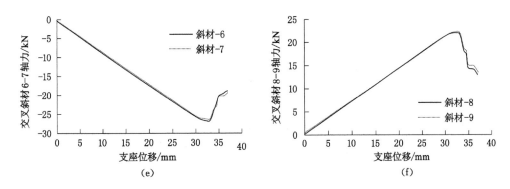

(e)　　　　　　　　　　　　　　(f)

续图 4-17　支座反力、主要杆件轴力与支座位移的关系曲线

(e) 交叉斜材 6-7 轴力；(f) 交叉斜材 8-9 轴力

4.2.9　短向双支座水平拉伸(DNLA)

图 4-18(a)为 DNLA 工况位移加载情况，图 4-18(b)至图 4-18(d)为塔架最后破坏的变形情况，可以看出斜材 D-E 发生了平面外的失稳破坏。

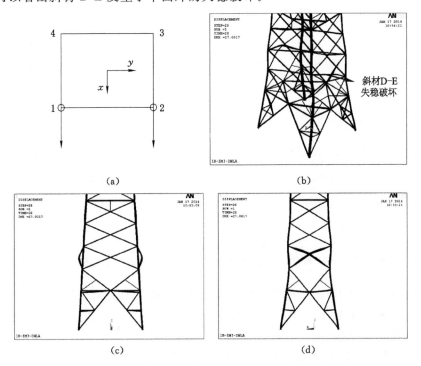

(a)　　　　　　　　　　　　　　(b)

(c)　　　　　　　　　　　　　　(d)

图 4-18　短向双支座水平拉伸加载简图和变形结果

(a) 加载简图；(b) 塔腿附近破坏情况；(c) 塔腿附近破坏形态(宽面，放大 20 倍)；

(d) 塔腿附近破坏形态(窄面，放大 20 倍)

　　在整个加载过程中，主要支座反力、各杆件轴力变化情况示于图 4-19。

　　从图 4-19(d)至图 4-19(f)可见，上部交叉斜材受力由下到上依次表现为"压—拉—压"的受力特点，且其轴力绝对值随着到第一横隔的距离的增大而逐步减小。当位移小于 26 mm 时，结构呈弹性工作状态，各杆件内力及支座反力均呈线性变化。当位移等于 26 mm

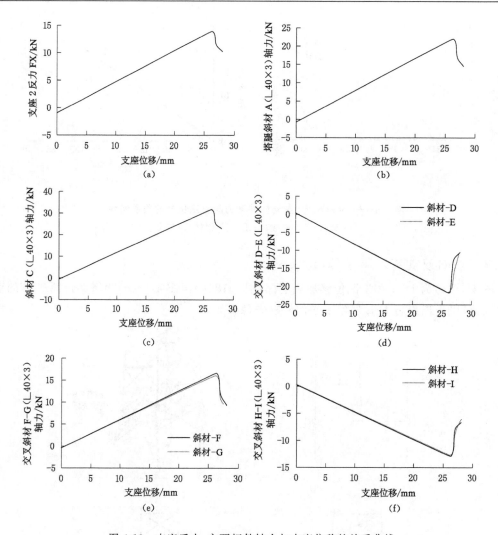

图 4-19　支座反力、主要杆件轴力与支座位移的关系曲线

(a) 支座 2 反力 FX；(b) 塔腿斜材 A(∟50×4)轴力；(c) 斜材 C(∟40×3)轴力；

(d) 交叉斜材 D-E(∟40×3)轴力；(e) 交叉斜材 F-G(∟40×3)轴力；(f) 交叉斜材 H-I(∟40×3)轴力

时，交叉斜材 D-E 发生明显的平面外屈曲失稳，造成结构内力调整，支座反力和各杆件轴力均有突降。当位移等于 28 mm 时，计算无法收敛，ANSYS 退出计算，此时结构变形已经非常明显。在整个加载过程中，主材未出现屈服现象。

　　综上所述，铁塔在 DNLA 工况作用下的极限状态以交叉斜材 D-E 的失稳破坏为标志，相应的极限支座位移为 26 mm。

4.2.10　短向双支座水平压缩(DNYA)

　　图 4-20(a)为位移加载情况，图 4-20(b)至图 4-20(d)为塔架最后破坏的变形情况，可以看出横隔上部斜材 C 和交叉斜材 F-G 发生了平面外的失稳破坏。塔腿变形较小，主要绕塔腿斜材上部节点转动。

　　在整个加载过程中，支座反力及典型杆件轴力变化情况示于图 4-21。

　　从图 4-21(d)至图 4-21(f)可见，上部交叉斜材受力由下到上依次表现为"拉—压—拉"

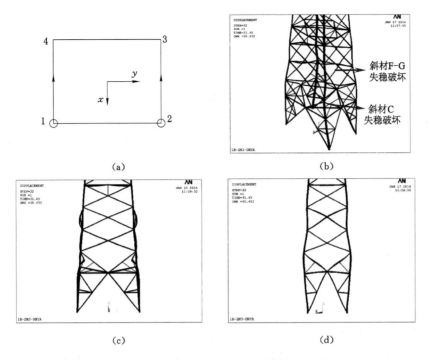

图 4-20 短向双支座水平压缩加载简图和变形结果

(a) 加载简图；(b) 塔腿附近破坏形态；(c) 正面破坏视图；(d) 侧面破坏视图

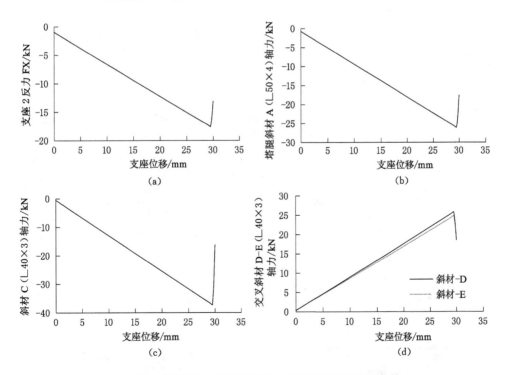

图 4-21 支座反力、主要杆件轴力与支座位移的关系曲线

(a) 支座 2 反力 FX；(b) 塔腿斜材 A(∟50×4)轴力；

(c) 斜材 C(∟40×3)轴力；(d) 交叉斜材 D-E(∟40×3)轴力

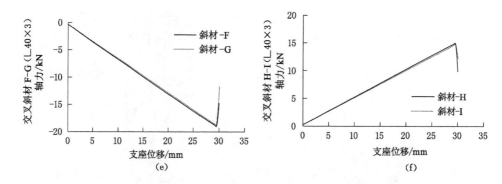

续图 4-21　支座反力、主要杆件轴力与支座位移的关系曲线

(e) 交叉斜材 F-G(∟40×3)轴力；(f) 交叉斜材 H-I(∟40×3)轴力

的受力特点，且其轴力绝对值随着到第一横隔的距离的增大而逐步减小。当位移小于 29.5 mm 时，结构呈弹性工作状态，各杆件内力及支座反力均呈线性变化。当位移等于 29.5 mm 时，斜材 C 和交叉斜材 F-G 发生明显的平面外屈曲失稳，造成结构内力调整，支座反力和各杆件轴力均有突降。当位移等于 30 mm 时，计算无法收敛，ANSYS 退出计算，此时结构变形已经非常明显。在整个加载过程中，主材未出现屈服现象。

综上所述，铁塔在 DNYA 工况作用下的极限状态以斜材 C 和交叉斜材 F-G 的失稳破坏为标志，相应的极限支座位移为 29.5 mm。

4.2.11　长向双支座竖向下沉(DLSHU)

图 4-22 为长向双支座竖向下沉变形时支座反力、主要杆件和控制点位移随支座位移的变化曲线图。

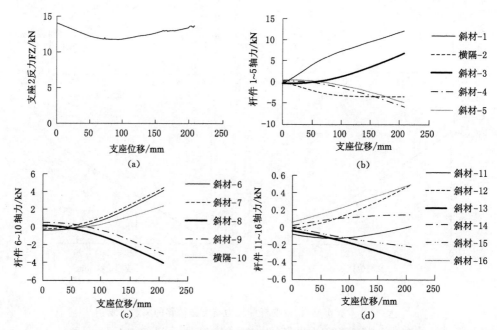

图 4-22　支座反力、主要杆件轴力和控制点位移与支座位移的关系曲线

(a) 支座 2 反力 FZ；(b) 杆件 1～5 轴力变化图；(c) 杆件 6～10 轴力变化图；(d) 杆件 11～16 轴力变化图

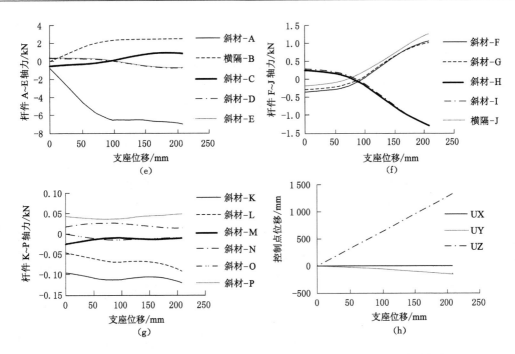

续图 4-22　支座反力、主要杆件轴力和控制点位移与支座位移的关系曲线
(e) 杆件 A～E 轴力变化图；(f) 杆件 F～J 轴力变化图；(g) 杆件 K～P 轴力变化图；(h) 控制点位移变化图

高耸结构受地表倾斜影响较大,输电塔结构也不例外。由图 4-22 可得,当支座竖向位移为 208.5 mm 时,计算无法收敛,ANSYS 退出计算。但此时,输电铁塔仅出现了整体倾斜,未发生杆件的失稳破坏。由图 4-22(a)可知,铁塔支座反力未产生较明显的下降段,这说明输电塔结构的整体刚性较好,具有一定抵抗倾斜能力。由图 4-22(b)至图 4-22(g)可知,铁塔结构下部杆件受倾斜引起的内力变化值大于上部杆件,宽侧杆件内力变化值明显大于窄侧杆件,但是结构没有发生屈曲现象,与单支座位移相比,并不是最危险的状况。

由图 4-22(h)可得,当支座竖向位移为 208.5 mm 时,塔顶控制点最大水平位移 UY 为 1 330.7 mm,已远大于《架空输电线路运行规程》(DLT 741—2010)规定的最大允许值 258 mm。因此,应将塔顶控制点位移等于规范规定的最大允许值时的支座位移值作为铁塔结构的极限位移值。当 UY 的水平位移为 258 mm 时,对应的支座位移值为 40.2 mm。

综上所述,铁塔在 DLSHU 工况作用下以铁塔倾斜度超《架空输电线路运行规程》(DLT 741—2010)规定的最大允许值作为结构的极限状态,其极限支座位移为 40.2 mm。

4.2.12　短向双支座竖向下沉(DNSHU)

图 4-23 为短向双支座竖向下沉变形时支座反力、主要杆件和控制点位移随支座位移的变化曲线图。由图 4-23 可得,当支座竖向位移为 156.2 mm 时,计算无法收敛,ANSYS 退出计算。但此时输电铁塔仅出现了整体倾斜,未发生杆件的失稳破坏。

由图 4-23(h)可得,当支座竖向位移为 156.2 mm 时,塔顶控制点最大水平位移 UX 为 1 288.6 mm,已远大于《架空输电线路运行规程》(DLT 741—2010)规定的最大允许值 258 mm。因此,应将塔顶控制点位移等于规范规定的最大允许值时的支座位移值作为铁塔结构的极限位移值。当 UX 的水平位移为 258 mm 时,对应的支座位移值为 31.0 mm。

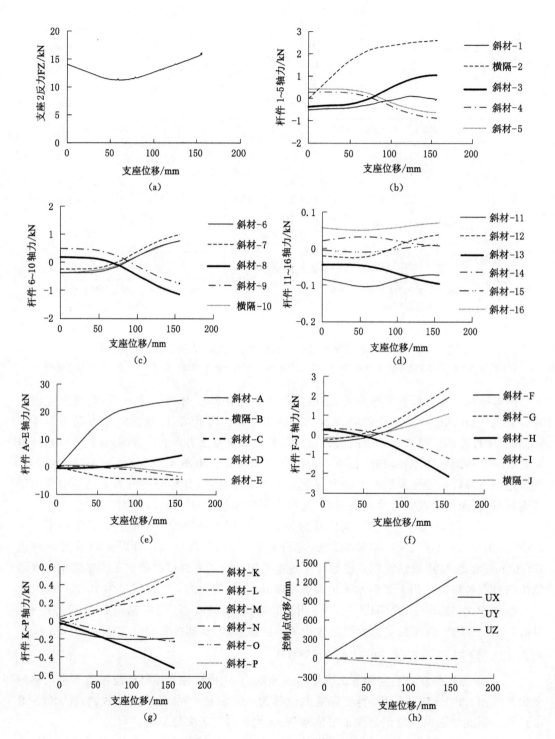

图 4-23　支座反力、主要杆件轴力和控制点位移与支座位移的关系曲线

(a) 支座 2 反力 FZ；(b) 杆件 1～5 轴力变化图；(c) 杆件 6～10 轴力变化图；

(d) 杆件 11～16 轴力变化图；(e) 杆件 A～E 轴力变化图；(f) 杆件 F～J 轴力变化图；

(g) 杆件 K～P 轴力变化图；(h) 控制点位移变化图

综上所述,铁塔在 DNSHU 工况作用下以铁塔倾斜度超《架空输电线路运行规程》(DLT 741—2010)规定的最大允许值作为结构的极限状态,其极限支座位移为 31.0 mm。

4.2.13　各单独地表变形工况比较

各单独地表变形工况下铁塔结构能承受的极限支座位移值汇总于图 4-24 中,以便进行比较分析。DLSHU 和 DNSHU 工况以铁塔倾斜度超《架空输电线路运行规程》(DLT 741—2010)规定的最大允许值作为结构的极限状态,其他工况均以斜材的失稳破坏作为结构的极限状态。

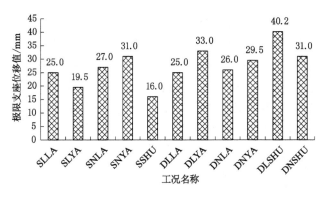

图 4-24　不同单独地表变形工况下铁塔极限支座位移比较

由图 4-24 可知,当铁塔受地表长向水平变形作用时,在单支座长向水平位移工况中,其抵抗拉伸变形的能力高于压缩变形的能力,SLLA 极限位移为 25 mm,而 SLYA 为 19.5 mm,前者约为后者的 1.28 倍;而在双支座长向水平变形工况中,其抵抗拉伸变形的能力低于压缩变形的能力,DLLA 的极限位移为 25 mm,DLYA 为 33 mm,前者约为后者的 0.76 倍。这主要是由于不同工况下的破坏形态不同造成的。

同时,当铁塔受地表短向水平变形作用时,其抗压缩变形的能力略高于抗拉伸变形的能力。如单支座短向水平位移工况中,SNYA 的位移值为 31 mm,而 SNLA 的位移为 27 mm,前者约为后者后者 1.15 倍;而在双支座短向水平变形工况中,DNYA 的位移值为 29.5 mm,而 DNLA 则为 26,前者约为后者 1.13 倍。由此可得,若将极限支座位移值作为评价铁塔抗地表变形性能的指标,除单支座长向水平位移工况(SLLA 和 SLYA)外,输电铁塔抗压缩变形的能力均高于抗拉伸变形的能力。

由图 4-24 还可知,支座竖向位移工况下,单支座施加竖向位移 SSHU 工况在 16 mm 时塔腿斜材就出现失稳破坏,双支座竖向位移 DLSHU 与 DNSHU 工况分别在 40.2 mm 和 31.0 mm 时达到铁塔倾斜度最大允许值,但此时其杆件未出现破坏的现象。因此双支座竖向下沉工况下的极限支座位移值明显大于单支座竖向下沉工况,必须采取有效措施防止单支座竖向下沉这种比较危险的情况产生。

图 4-25 为单独地表水平变形工况下极限支座位移与相应根开的比值比较。

由图 4-25 可得,在拉伸工况下,铁塔支座极限位移为相应根开的 0.62%～0.86%,而在压缩工况下,极限位移为相应根开的 0.48%～0.99%,因此只要实际地表变形值分别小于相应根开的 0.62%(拉伸工况)和 0.48%(压缩工况),即可认为铁塔是安全可靠的。

由图 4-25 还可得,在长向水平变形工况下,铁塔极限支座位移为相应根开的 0.48%～

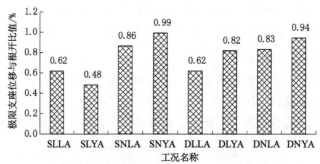

图 4-25　不同工况极限支座位移与相应根开的比值

0.82%,而在短向水平变形工况下,极限支座位移为相应根开的 0.83%~0.99%,长向水平变形工况下的极限支座位移与相应根开的比值均小于短向水平变形工况。因此,若将极限支座位移与相应根开的比值作为评价铁塔抗水平地表变形性能的指标,则输电铁塔抗短向水平地表变形性能优于抗长向水平地表变形性能。只要实际水平地表变形值分别小于相应根开的 0.48%(长向水平变形工况)和 0.83%(短向水平变形工况),即可认为铁塔是安全可靠的。

4.3　复合地表变形对输电杆塔的影响规律研究

4.3.1　荷载条件与复合地表变形工况

位于塌陷区的输电铁塔往往处于复合地表变形的影响之下,同时,在某些时刻铁塔可能受大风或者覆冰工况作用,而不总是处于正常运行工况下。本节进一步研究这些工况对铁塔抗变形性能的影响,考虑的荷载工况包括:60°大风、90°大风、覆冰+相应 60°风、覆冰+相应 90°风以及正常运行工况 5 种,施加的复合位移包括倾斜+双支座拉伸、倾斜+双支座压缩两种,这是通常遇到的地表复合变形。

复合地表变形施加中涉及水平变形与竖向变形取值的问题,本次研究根据背景工程的地质报告及采矿专业预计的最大地表变形进行选取。预计得到的最大地表倾斜值为 8.1 mm/m,最大地表水平变形值为 4.0 mm/m,两者约为 2∶1 的关系。按照最大倾斜值与最大水平变形值同时发生这种最不利情况进行分析。

根据前述研究的结论,输电铁塔抗长向水平地表变形性能较短向差,因此选取长向地表变形工况进行研究,即只考虑地表变形发生在垂直线路方向。

复合位移下的加载工况列于表 4-2。限于篇幅,本书仅对正常工况拉伸倾斜组合的情况作具体的说明,其他工况仅列出主要的结果在 4.3.3 一节中进行分析。

表 4-2　　　　　　　　　　　复合变形加载工况汇总表

复合变形工况	全称	简称
正常运行工况拉伸倾斜组合	NOR_ZUHE_LA	NORZLA
正常运行工况压缩倾斜组合	NOR_ZUHE_YA	NORZYA
60°大风工况拉伸倾斜组合	W60_ZUHE_LA	W60ZLA
60°大风工况压缩倾斜组合	W60_ZUHE_YA	W60ZYA

复合变形工况	全称	简称
90°大风工况拉伸倾斜组合	W90_ZUHE_LA	W90ZLA
90°大风工况压缩倾斜组合	W90_ZUHE_YA	W90ZYA
覆冰＋相应60°风工况拉伸倾斜组合	ICE_W60_ZUHE_LA	ICEZLA60
覆冰＋相应60°风工况压缩倾斜组合	ICE_W60_ZUHE_YA	ICEZYA60
覆冰＋相应90°风工况拉伸倾斜组合	ICE_W90_ZUHE_LA	ICEZLA90
覆冰＋相应90°风工况压缩倾斜组合	ICE_W90_ZUHE_YA	ICEZYA90

4.3.2 正常运行工况拉伸倾斜组合

图 4-26 是正常工况拉伸倾斜组合作用下的铁塔变形情况。由图 4-26 可见,在该组合工况下,铁塔的最终破坏情况与 DLLA 工况是非常相似的。主要的受力和破坏杆件均主要集中在宽面内,主要是斜材发生失稳破坏,从而最终导致铁塔的破坏。

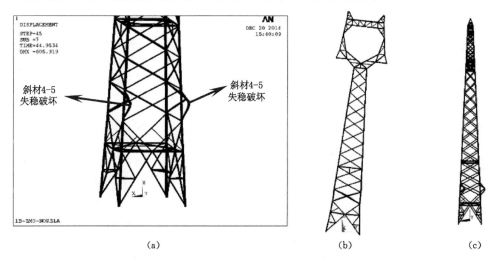

(a)　　　　　　(b)　　　　　　(c)

图 4-26　正常运行工况拉伸倾斜组合作用下铁塔变形结果(放大 5 倍)
(a)塔腿附近破坏形态(b)正面视图;(c)侧面视图

图 4-27 为加载过程中主要支座反力与斜材的轴力变化曲线。

由图 4-27(a)可知,当支座位移小于 25 mm 时,支座反力与位移呈线性关系,结构一直处于线弹性状态,结构是安全的;当位移大于 25 mm 后,支座反力开始减小,支座位移从 25 mm变化至 43.95 mm 过程中,其曲线变化趋于平缓,说明此时铁塔处于塑性阶段,此时铁塔仍具有一定的承载力。由图 4-27(d)至图 4-27(f)可见,上部交叉斜材受力由下到上依次表现为"压—拉—压"的受力特点,且其轴力绝对值随着高度的增大而逐步减小。

由图 4-27(d)可见,当位移小于 25 mm 时,斜材 4-5 受力处于弹性阶段,当位移超过 25 mm之后,其轴力开始下降,整个受力变形过程体现出明显的极值点失稳的特征,其最大轴力为 26.32 kN。此时,铁塔倾斜度未超规范限值。随后整个宽面内杆件内力发生调整,各杆件拉、压内力均有大幅度降低,随后变形加剧,且铁塔支座反力与位移的关系曲线出现

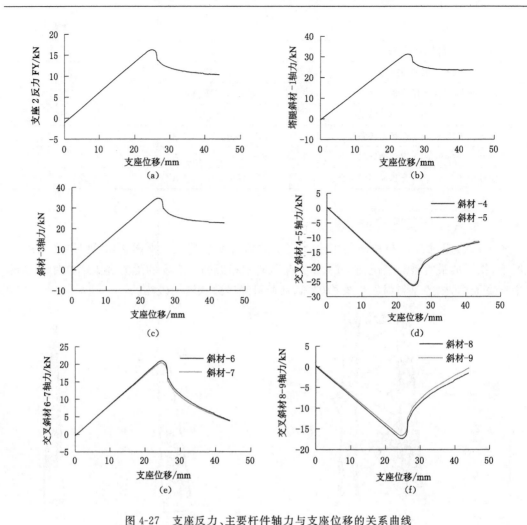

图 4-27　支座反力、主要杆件轴力与支座位移的关系曲线

(a) 支座反力 FY；(b) 塔腿斜材-1 轴力；(c) 斜材-3 轴力；

(d) 交叉斜材 4-5 轴力（平面外屈曲）；(e) 交叉斜材 6-7 轴力；(f) 交叉斜材 8-9 轴力

下降，并逐渐趋于平缓。当位移达到 43.95 mm 时，计算无法收敛，此时结构变形已经非常明显。这些与 DLLA 工况是基本一致的。

综上所述，在 NORZLA 工况下，铁塔的极限状态以交叉斜材 4-5 的失稳破坏为标志，相应的极限支座位移为 25 mm。

4.3.3　各复合地表变形工况比较

非正常使用工况（如 W60ZLA、W90ZLA 等）与正常运行工况相比，其破坏形态基本相似，均以铁塔内斜材的失稳为破坏特征，且破坏的杆件位置也基本一致，限于篇幅不再——列出，仅列出铁塔中杆件发生失稳破坏时的支座水平位移值，如图 4-28 所示。

由图 4-28 可见，双支座水平位移工况（DLLA 和 DLYA）与双支座水平位移和倾斜复合作用工况（NORZLA 和 NORZYA）出现杆件失稳时的支座水平位移值基本相同，可见倾斜变形对极限支座水平位移的影响很小。

在拉伸工况下，其极限支座位移值在 24～25 mm 之间，其与相应根开的比值为

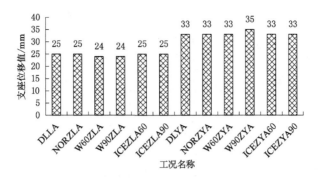

图 4-28 不同复合地表变形工况下极限支座位移比较

0.60%～0.62%;而在压缩工况下,其极限支座位移在 33～35 mm 之间,其与相应根开的比值为 0.82%～0.87%。

综上所述,在复合地表变形工况下,支座水平相对位移是导致铁塔失稳破坏的决定性因素,而其他荷载的影响较小;铁塔抵抗压缩变形的能力大于其抵抗拉伸工况的能力;只要支座的水平拉伸位移小于根开 0.60%,而水平压缩位移小于相应根开 0.82%,即可认为铁塔是安全可靠的。

4.4 输电铁塔抗地表变形性能汇总

1B-ZM36 输电铁塔在单独和复合地表变形工况下的极限支座位移值分别汇总于表 4-3 和表 4-4,并将其折算成地表水平、倾斜和曲率变形值。表 4-3 和表 4-4 的地表变形值可以作为 1B-ZM36 输电铁塔抗地表变形的允许值,为采动区输电铁塔在地表变形作用下的安全性评价提供参考。

表 4-3　　　　　　　　　　单独地表变形工况下铁塔抗地表变形值

单独变形工况	简称	杆件失稳时支座位移/mm	折算地表倾斜/(mm/m)或曲率变形/(mm/m²)	折算地表水平变形/(mm/m)
长向单独支座水平拉伸	SLLA	25	—	6.20
长向单独支座水平压缩	SLYA	19.5	—	3.23
短向单独支座水平拉伸	SNLA	27	—	8.64
短向单独支座水平压缩	SNYA	31	—	9.92
单独支座竖向下沉	SSHU	16	2.62(曲率)	—
长向双支座水平拉伸	DLLA	25	—	6.20
长向双支座水平压缩	DLYA	33	—	8.18
短向双支座水平拉伸	DNLA	26	—	8.32
短向双支座水平压缩	DNYA	29.5	—	9.44
长向双支座竖向下沉	DLSHU	40.2	9.96(倾斜)	—
短向双支座竖向下沉	DNSHU	31.0	9.92(倾斜)	—

表 4-4		复合地表变形工况下铁塔抗地表变形值			
复合变形工况	简称	杆件失稳时支座竖向位移/mm	杆件失稳时支座水平位移/mm	折算地表倾斜/(mm/m)	折算地表水平变形/(mm/m)
正常工况拉伸倾斜组合	NORZLA	50	25	12.39	6.20
正常工况压缩倾斜组合	NORZYA	66	33	16.36	8.18
60°大风工况拉伸倾斜组合	W60ZLA	48	24	11.90	5.95
60°大风工况压缩倾斜组合	W60ZYA	66	33	16.36	8.18
90°大风工况拉伸倾斜组合	W90ZLA	48	24	11.90	5.95
90°大风工况压缩倾斜组合	W90ZYA	66	33	16.36	8.18
覆冰＋相应的60°风工况拉伸倾斜组合	ICEZLA60	50	25	12.39	6.20
覆冰＋相应的60°风工况压缩倾斜组合	ICEZYA60	66	33	16.36	8.18
覆冰＋相应的90°风工况拉伸倾斜组合	ICEZLA90	50	25	12.39	6.20
覆冰＋相应的90°风工况压缩倾斜组合	ICEZYA90	66	33	16.36	8.18

4.5 本章小结

（1）输电铁塔在地表变形作用下的破坏杆件主要集中在最底部塔腿横隔附近,且发生屈服和失稳破坏的杆件也以塔腿斜材和交叉斜材为主,主材未发现全截面屈服和失稳破坏现象。

（2）输电铁塔在双支座竖向下沉工况下以铁塔倾斜度超《架空输电线路运行规程》(DLT 741—2010)规定的允许值作为结构的极限状态,其他工况均以斜材的失稳破坏作为结构的极限状态。

（3）可以将有限元计算得到的极限支座位移值、极限支座位移与铁塔根开的比值或折算后地表变形值作为铁塔安全性评价的指标,即当地表变形预计值小于有限元计算值时,认为铁塔是处于安全状态,反之认为铁塔是不安全的。

（4）若将极限支座位移与相应根开的比值作为评价铁塔抗水平地表变形性能的指标,则输电铁塔抗短向水平地表变形性能优于抗长向水平地表变形性能。只要实际水平地表变形值分别小于相应根开的 0.48%（长向水平变形工况）和 0.83%（短向水平变形工况）,即可认为铁塔是安全可靠的。

（5）在复合地表变形工况下,支座水平相对位移是导致铁塔失稳破坏的决定性因素,其他荷载的影响较小;铁塔抵抗压缩变形的能力大于其抵抗拉伸工况的能力;只要支座的水平拉伸位移小于根开 0.60%,而水平压缩位移小于相应根开 0.82%,即可判断铁塔是安全可靠的。

5 输电铁塔基础抗地表变形性能的
有限元模拟研究

采用 ANSYS 软件建立 1B-ZM3 输电铁塔—基础—地基整体有限元模型,以地基土变形和应力、上部铁塔结构支座位移和杆件最大应力为分析对象,研究独立基础和复合防护板基础的抗地表变形性能,分析复合防护板基础的防护板厚度对上部铁塔结构受力和变形的影响规律,并对其厚度的合理取值提出建议。

5.1 整体有限元模型的建立及模拟求解方法

输电铁塔—基础—地基整体有限元模型的建模方法主要参考文献[110],简要介绍如下。

5.1.1 铁塔模型

采用 ANSYS 软件建立 1B-ZM3 输电铁塔的梁桁混合有限元模型,具体建模方法与第 4 章相同。

5.1.2 基础模型

5.1.2.1 独立基础

1B-ZM3 输电铁塔的独立基础为钢筋混凝土三阶台阶式基础,原型如图 5-1 所示。为了避免有限元模型由于存在较多的尖角、转折等导致计算无法收敛,本书根据长柱独立基础的底面积和侧面积不变的原则将其等效简化为高度为 850 mm 的一阶长方体独立基础,并将上部回填土层等效为简化后独立基础及其周边土体上表面的压应力。

本书利用 Solid 65 单元对输电铁塔的长柱独立基础进行模拟。Solid 65 是一种 8 节点实体单元,用于含钢筋或不含钢筋的三维实体模型,可模拟混凝土材料的压碎与拉裂。由于本书分析重点在于基础对上部铁塔的内力和变形的影响,故假设基础均处于弹性工作状态,而不考虑混凝土基础自身的开裂和压碎破坏,因此将混凝土定义为线弹性材料,不设置其抗拉强度和抗压强度值。基础混凝土强度等级为 C20,故设其弹性模量为 25.5 GPa,重度为 25 kN/m³,泊松比为 0.20。

5.1.2.2 复合防护板基础

复合防护板基础的一般做法为在铁塔底部 4 个独立基础的底面设置一块现浇钢筋混凝土大板,上部独立基础与混凝土大板之间铺设 100 mm 厚的卵石加粗砂垫层作为水平滑动层。1B-ZM3 塔的复合防护板基础原型如图 5-2 所示。

复合防护板基础的作用机理是利用下部的钢筋混凝土板来抵抗主要的地基变形,保证

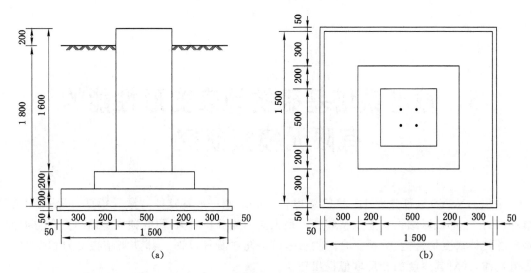

(a)

(b)

图 5-1   1B-ZM3 塔独立基础原型

(a) 立面图;(b) 平面图

上部的各独立基础处于一个平面上。同时,独立基础和下部防护板之间的砂垫层允许两者之间产生相对滑动,起到释放应力和便于调整复位的作用。

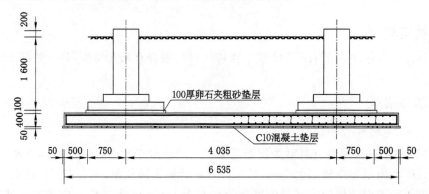

图 5-2   1B-ZM3 塔复合防护板基础原型

在建立复合防护板基础的有限元模型时,对其上部独立基础的建模与 5.1.2.1 的方法相同,防护板的建模也采用 Solid 65 单元。同时为便于建模和确保计算收敛,建模时不考虑混凝土防护板伸出独立基础外边缘的部分。

在分别建立了基础和铁塔的模型后,采用将塔腿支座节点与基础顶面同一位置的节点进行合并的方法来耦合塔腿底部端节点与基础顶面相应节点的位移,实现其固接特性。

5.1.3   地基模型

5.1.3.1   地基模型尺寸确定

为了减小模型尺寸带来的影响,地基土影响深度一般不小于独立基础高度的 5 倍,本次研究的独立基础高度为 850 mm,本书建模时设置土体厚度为 8 m。

由朗肯土压力理论,土体极限状态时剪切带和水平向的夹角为 $45°-\varphi/2$。本工程土体

摩擦角 $\varphi = 15°$,故应取的基础外周土体的水平尺寸至少为 $l = h/\tan(45° - \varphi/2) \approx 10.43$ m。本工程中复合防护板的总长为 6.54 m,故土体总长度不应小于 $10.43 \times 2 + 6.54 = 27.40$ m。

5.1.3.2 地基模型建模方法

有限元模型中选用空间 8 节点等参单元 Solid45 模拟地基土,其材料参数来源于背景工程地质勘测获得的典型塔基底部土体情况,见表 5-1。

采用 Druker-Prager 材料模式来模拟地基土的性质。该材料模式对 Mohr-Coulomb 准则给予近似,以修正 von Mises 屈服准则。它考虑了静水压力对屈服的影响,采用相关联或不相关联的流动法则,但不考虑材料的硬化。

表 5-1 典型塔位地质成果表

土层埋深/m	岩土类型及状态	重度 $\gamma/(kN/m^3)$	内聚力 C_q/kPa	摩擦角 $\varphi_q/(°)$	地基承载力 f_{ak}/kPa
0.00~6.00	黄土(粉土);稍湿可塑	17	25	15	160

5.1.4 接触单元模型

在建立整体有限元模型时,主要涉及地基土与基础间的接触和独立基础与防护板间的接触问题。本书过设置接触单元来模拟两者之间的相互作用,选用 3D 接触对 Target170 和 Conta173 来模拟面—面接触。刚性面被当作目标面,用 Target170 模拟;柔性体表面被当作接触面,用 Conta173 模拟。与本书有关的接触单元主要参数有滑动摩擦系数 MU,接触刚度 FKN,滑动黏滞阻力 COHE,最大许可剪应力 TAUMAX,具体参数设置如下:

(1)地基土与基础间的接触单元:滑动摩擦系数 MU 按照《建筑地基基础设计规范》(GB 50007—2011)中粉土对挡土墙基底的摩擦系数取值,取 MU=0.35。接触刚度 FKN 取粉土地基的基床系数,为 3×10^4 kN/m³。滑动黏滞阻力 COHE 取土体的黏聚力,为 25 kPa,最大许可应力 TAUMAX 为 $\sigma_y/\sqrt{3} = 6c\cos\varphi/[3 \times (3 - \sin\varphi)] = 17.65$ kPa,其中 σ_y 为土体的 Mises 屈服应力。

(2)独立基础与防护板间的接触单元:接触单元系数按照砂子选取,摩擦系数 MU=0.45,接触刚度 FKN=3×10^4 kN/m³,滑动黏滞阻力 COHE 按照黏聚力的千分之一选取,内摩擦角取 1°。根据以上数值计算得到滑动黏滞阻力 COHE 为 0.25 kPa,最大许可应力 TAUMAX 为 0.168 kPa。

5.1.5 整体模型

根据上述方法最终建立的整体有限元模型如图 5-3 所示。

5.1.6 荷载及地表变形工况

5.1.6.1 荷载工况

本书将正常运行工况作为本研究荷载工况,线路荷载根据《国家电网公司输变电工程典型设计》(110 kV 输电线路分册)确定,见表 2-3。线路荷载的施加方法与第 4 章相同。

5.1.6.2 地表变形工况

为了便于比较分析,将沉陷盆地的地表移动和变形简化为地表水平拉伸、水平压缩、地

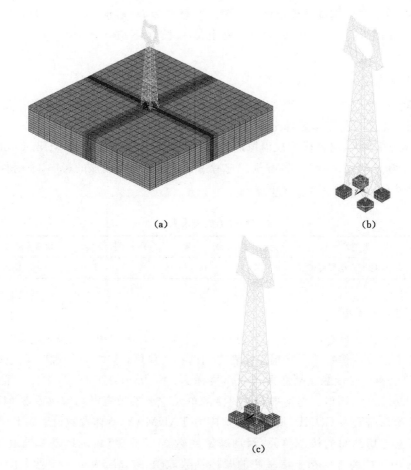

(a)

(b)

(c)

图 5-3 铁塔及其地基基础的有限元模型

（a）整体有限元模型；（b）独立基础及铁塔有限元模型；

（c）复合防护板基础及铁塔有限元模型

表正曲率与地表负曲率等 4 种典型的单一地表变形，本书选择这 4 种单一地表变形作为研究工况。地表变形方向仅考虑垂直线路方向。地表变形示意图如图 5-4 所示。

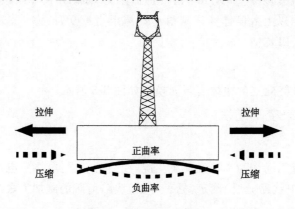

图 5-4 地表变形示意图

根据背景工程采动地表沉陷的预计结果,4 种单一地表变形的施加方法为:

(1)地表最大水平拉伸和压缩变形值均为 4.0 mm/m,具体施加方法为:在土体垂直线路方向的两端边界上施加沿垂直线路方向的水平节点位移为 100 mm。

(2)地表最大正曲率变形值为 1.0 mm/m²,假定在曲率变形作用下地基土底部节点位移为抛物线型,具体施加方法为:令土体底部边界的节点的竖向位移为 $DZ_i = -\dfrac{1}{2} \times \left(\dfrac{y_i}{1\,000}\right)^2$。

(3)地表最大负曲率变形值为 1.0 mm/m²,施加方法为:令土体底部边界的节点的竖向位移为 $DZ_i = \dfrac{1}{2} \times \left(\dfrac{y_i}{1\,000}\right)^2 - 312.5$。

5.1.7　有限元模拟求解方法

为了消除先期固结变形对计算结果的影响,采用有限元软件分析时采用 2 个荷载步进行求解:

(1)第一荷载步:首先求解仅有荷载而没有地表变形的情况下,基础及其上部结构的受力和变形,作为初始状态。

(2)第二荷载步:在土体底部和周边施加与地表变形等效的边界节点位移,以模拟采动地表变形的作用,并计算在各种典型地表变形作用下上部结构及其基础的受力和变形情况。

在计算结束后,对结果进行处理:将以上第二步求得的铁塔支座位移减去第一步得到的相应位移,作为各种典型地表变形作用下输电铁塔结构的附加变形;为了判断铁塔结构杆件是否发生屈服破坏,将第二步得到的上部结构的内力和应力以及地基反力作为相应的最终内力和应力进行比较分析。

5.2　独立基础抗地表变形性能研究

5.2.1　不同地基变形对地表变形的影响

图 5-5 为独立基础简化计算模型的平面布置示意图,图 5-5 中 X 轴方向为沿线路方向,Y 轴方向为垂直线路方向,点划线位置为地表土的变形值和地基土应力值的选取路径。

图 5-6 为 4 种地表变形工况下,垂直线路方向指定路径处的地表变形图。

图 5-6(a)为沿线路方向的地表变形图。由图 5-6(a)可知,垂直线路方向施加地表变形时,地表沿线路方向产生的地表位移值较小,均在 0.4 mm 以内,说明主向变形对于另一方向的影响相对很小。

图 5-6(b)为垂直线路方向的地表变形图。由图 5-6(b)可知,在未施加地表变形时,地表各点的位移值基本相同。在施加变形后,垂直线路方向的地表位移值均出现了较大的变化,但独立基础部分的位移值变化较小,在地表变形曲线中表现为平直线平台,基础边缘和土体之间的位移值出现了明显的变化。在水平拉伸和水平压缩工况下,地表位移值随位置的变化基本呈线性变化,在曲率变形工况下,地基两端边界处呈曲线变化,中间区域基本呈线性变化。由图 5-6(b)还可知,除了地基边界处外,正曲率变形与拉伸变形工况,负曲率和与压缩变形工况下的地表变形曲线较吻合,这是由于正曲率变形时总是伴随拉伸变形,负曲

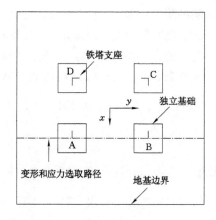

图 5-5　独立基础计算模型平面示意图

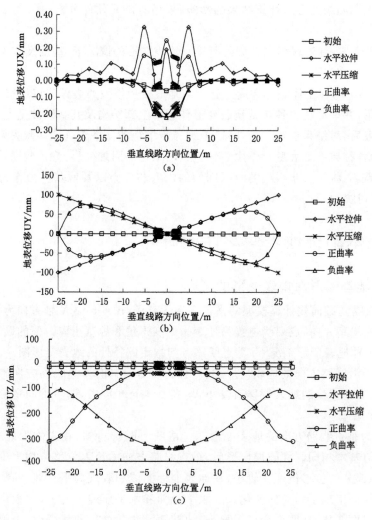

图 5-6　地表变形图

(a) 地表位移 UX；(b) 地表位移 UY；(c) 地表位移 UZ

率变形时总是伴随压缩变形。

图 5-6(c)为竖向的地表变形图。由图 5-6(c)可知,在未施加地表变形时,地基基础在重力作用下出现了轻微的下沉,整体下沉值约为 18 mm,中间基础部分的下沉值略大于边缘地基土,这是因为中间部分铁塔和基础的重量较大,但沉降差在 2 mm 内,不影响输电线路的安全运行。

由图 5-6(c)还可知,水平拉伸和压缩对于地表竖向 UZ 变形影响较小,水平拉伸使地表竖向产生向下的变形,水平压缩使地表竖向产生向上的变形,但变形后基础的表面基本上还是处于同一水平位置,不会引起沉降差,但是如果整体下沉值过大则会减小导线的对地距离,影响输电线路的安全稳定使用,因此线路通过沉陷区时垂直安全距离应该留有一定的富余度。

正负曲率变形对地表 Z 向位移影响较大,都导致地表土产生了抛物线型的下沉,在正曲率地表变形作用下,地基 Z 向位移呈两端大中间小的状态,在负曲率地表变形作用下,地基 Z 向位移呈两端小中间大的状态。对于整体地基土而言,曲率变形使地基土产生了非常明显的倾斜。对比分析独立基础处的地表变形值可知,正曲率变形使基础产生了向外侧的倾斜,负曲率变形使基础产生了向内侧的倾斜,但倾斜量较小,倾斜值约为 1.8 mm/m,这主要是由于本研究为 110 kV 塔,塔的根开尺寸较小,其独立基础尺寸也较小。对于高电压根开较大的塔型,曲率变形对铁塔基础倾斜造成的影响不容忽视。

在地基的大部分区域,负曲率工况下产生地表的竖向位移都要大于正曲率工况,这主要是由于不同曲率变形下的土体变形体积不同,负曲率相当于挖出的土体更多。在负曲率变形工况下,铁塔独立基础位置的 Z 向位移最大,产生了非常大的沉降量,容易导致线路对地安全距离不满足。

5.2.2 不同地基变形对地基土应力的影响

5.2.2.1 整体地基土应力

图 5-7 为 4 种地表变形工况下,垂直线路方向指定路径处的地基土应力图,地基土应力的选取路径在独立基础底部,即路径在距离地表 0.85 m 处。

图 5-7(a)为 X 方向的地基土应力 SX 的变化图。由图 5-7(a)可知,未施加地基变形前,地基土 X 方向应力整体分布比较均匀,由于铁塔结果和基础自身重力较大,独立基础处地基土应力略大于其他位置。

由图 5-7(a)还可知,在拉伸变形工况下,地基土体承受拉应力,但土体承受拉力的能力较弱,因此拉应力值较小。在压缩变形工况下,地基土体承受压应力,压应力值约拉应力值的 10 倍。正、负曲率变形使得中部和边部的土体产生较大的差别,曲线出现较大起伏。在正曲率变形工况下,地基土 SX 应力呈现两端受压中间受拉状态,其中间区域与拉伸变形工况吻合较好。在负曲率变形工况下,地基土 SX 应力呈现两端受拉中间受压状态,在基础内侧出现峰值,主要是由于基础向内倾斜,引起内侧土体所受压力增大,其中间区域的应力变化曲线与压缩变形工况吻合较好。

由图 5-7(b)为 Y 方向的地基土应力 SY 的变化图。其变化趋势与 SX 基本相同,不再赘述。

由图 5-7(c)为 Z 方向的地基土应力 SZ 的变化图。从图 5-17(c)可看出,初始时候曲线

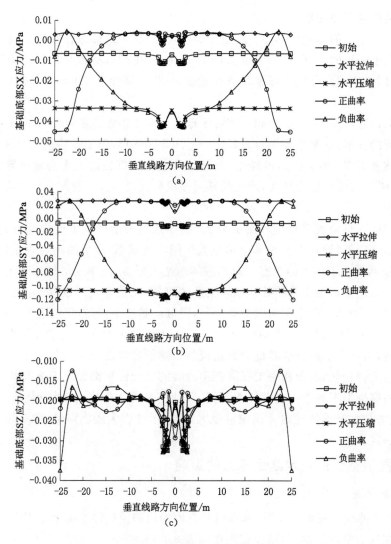

图 5-7 地基土应力图

（a）基础底部 SX 应力；（b）基础底部 SY 应力；（c）基础底部 SZ 应力

比较平缓，基础处的土体应力也几乎相等。施加地表变形工况后，地基土 SZ 应力与施加地表变形工况前相差不大，其变化曲线吻合程度较好。其特点为地基土 SZ 应力均为压应力，独立基础部分 SZ 应力大于其他地基土部分，其差值约为 0.013 MPa。

在正曲率地表变形工况下，独立基础底部地基土应力呈两端小中间大的状态，主要是由于地基土发生正曲率变形时，独立基础边部和土体产生脱离，使得两者接触面积减少，土体边部承担的压力向中间部位转移。负曲率与此相反，基础位置处土体中部应力减少，边部应力增大，这主要是由于在负曲率变工况下，基础发生了向中心的倾斜，基础边部向下变形导致土体压应力增大。负曲率下的土体应力变化没有正曲率明显，主要是负曲率时土体与基础接触状态不会有明显的改变。

5.2.2.2 独立基础底部地基土应力

图 5-8 为 4 种地表变形工况下，独立基础 A 底部垂直线路方向应力分布图。独立基础

B、C、D 与 A 基础呈对称关系,不再进行分析。

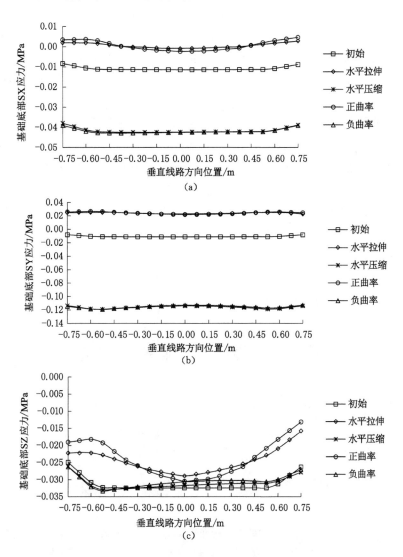

图 5-8　基础底部应力图

(a) 基础底部 SX 应力;(b) 基础底部 SY 应力;(c) 基础底部 SZ 应力

图 5-8(a)是 A 基础底部 X 方向应力图。由图 5-14(a)可见,初始状态下,基础底部 SX 应力分布较为均匀,且压应力值较小,约为 0.01 MPa。水平拉伸和正曲率作用下基础底部地基土的应力分布曲线基本吻合,曲线较初始时刻上移,其应力分布也较为均匀,应力值几乎为 0。水平压缩和负曲率作用下的应力分布曲线吻合较好,曲线较初始时刻变化明显,SX 压应力增大到 0.4 MPa 左右。

图 5-8(b)是 A 基础底部 Y 方向应力图。其变化规律基本与 SX 应力相同,仅应力变化的幅度不同。水平拉伸和正曲率作用下基础底部地基土的 SY 拉应力值约为 0.02 MPa 左右,水平压缩和负曲率作用下 SY 压应力值约为 0.12 MPa。

图 5-8(c)是 A 基础底部 Z 方向应力图。由图 5-8(c)可见,未加变形前后,基础底部 Z

方向应力大致呈中间大两端小对称分布,主要是由于有限元模型中上部铁塔支座反力作用在基础中间顶面,导致中间应力大于边缘应力。中间应力值为 0.033 MPa,边缘应力值约为 0.025 MPa。在 4 种地表变形的作用下,基础底面的 Z 向应力仍为受压,但应力值均未超出 35 kPa。水平拉伸和正曲率作用下基础底部地基土的应力分布曲线吻合较好,SZ 应力变化趋势为压应力减小,中间变化较小,两端变化较大。水平压缩和负曲率作用下基础底部地基土的应力分布曲线相对于初始时刻变化不大。

5.2.3　不同地基变形对独立基础和上部铁塔结构的影响

在地表变形作用下,上部输电铁塔结构靠近塔腿部分杆件变形及受力变化明显。图 5-9 为 4 种地基变形工况下,上部独立基础及输电铁塔结构的变形及应力分布图。图 5-9 中圆圈表示铁塔结构 von Mises 应力的最大值处。为了便于观察独立基础和铁塔结构在地基变形作用下的变形状态,图 5-9 中已将变形放大 30 倍。因此基础和铁塔结构的实际变形量非常小,4 种工况下均未发生杆件的破坏。

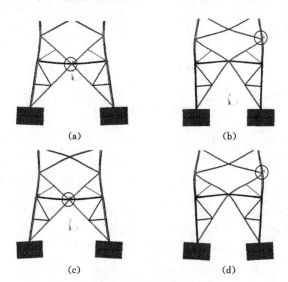

图 5-9　上部基础和铁塔结构变形及应力分布图(放大 30 倍)
(a) 水平拉伸工况;(b) 水平压缩工况;(c) 正曲率工况;(d) 负曲率工况

由图 5-9 可知,输电铁塔在水平拉伸和正曲率工况下根开变大,塔腿横隔材的中间节点处应力最大;在水平压缩和负曲率工况下根开减小,第一交叉斜材和主材连接的下节点处应力最大。独立基础在水平变形作用下未发生倾斜,在曲率变形作用下产生了倾斜变形,正曲率工况下基础向外侧倾斜,负曲率工况下基础向内侧倾斜。

表 5-2 示出了 4 种地基变形工况下上部铁塔结构的支座 A 位移和最大 von Mises 应力值。表 5-2 中位移值为地表变形作用下的附加位移,应力为自重和地表变形叠加作用下的应力值;UX 表示沿垂直地表水平变形作用方向的位移值,UY 表示沿地表水平变形方向的位移值,UZ 表示竖直方向的位移值;支座位移为正表示支座位移方向与坐标轴方向相同,反之为负。由于坐标原点在铁塔支座中心位置,所以其他支座位移可根据支座 A 的数据推出。

表 5-2　　　　　　　　　　不同变形对上部结构影响(独立基础)

比较项目		初始	水平拉伸	水平压缩	正曲率	负曲率
支座 A 位移	UX/mm	0.0	0.2	−0.1	0.2	−0.1
	UY/mm	0.0	−8.6	7.6	−7.5	9.4
	UZ/mm	0.0	−29.5	9.5	−2.5	−313.4
最大 von Mises 应力/MPa		20.1	127.6	110.8	110.2	132.7

由表 5-2 可知,在给定的地表变形作用下,铁塔结构最大应力在 110.2~132.7 MPa 之间,均未达到材料屈服。这说明若不考虑整体沉降对导线离地安全距离的影响,输电铁塔结构本身在背景工程地表变形值作用下是安全的。

由表 5-2 还可知,在地表变形作用时,上部铁塔结构支座主要产生沿地表变形方向的位移 UY 和竖向位移 UZ,垂直地表水平变形作用方向的位移值 UX 较小,可忽略其影响。

在曲率变形作用下,负曲率变形引起的铁塔结构支座位移 UY 和 UZ 均比正曲率变形大,UY 过大容易导致铁塔结构发生破坏,UZ 过大容易导致导线离地安全距离不满足要求,同时负曲率作用下铁塔结构产生的应力值也较大。因此,负曲率比正曲率更为不利。在地表水平变形作用时,拉伸变形比压缩变形引起的铁塔结构支座位移 UY 和结构应力更大,同时其引起的结果整体下沉值也不可忽视,因此拉伸工况比压缩工况更不利。

5.3　复合防护板基础抗地表变形性能研究

建立铁塔—复合防护板基础—地基共同作用整体有限元模型时,防护板厚度取 300 mm。根据有限元模拟结果可知,不同地基变形对地表变形和整体地基土应力的影响规律与独立基础基本相同,不再赘述。

5.3.1　不同地基变形对复合防护板基础底部地基土应力的影响

图 5-10 为 4 种地表变形工况下,复合防护板基础底部垂直线路方向应力分布图。由图 5-10可得,其应力分布基本呈对称状态,这主要是由于复合防护板基础和输电铁塔为对称结构,且施加的地基变形也均匀、对称。

由图 5-10(a)和图 5-10(b)可见,初始状态下,基础底部 SX 和 SY 应力分布较为均匀,且压应力值约为 0.01 MPa。水平拉伸和正曲率作用下基础底部地基土的应力分布曲线基本吻合,曲线较初始时刻上移,中间区域应力分布较均匀,两端独立基础位置应力大于中间位置。水平压缩和负曲率作用下的应力分布曲线吻合较好,曲线较初始时刻下移,且应力值较初始时刻变化较大。

由图 5-10(c)可见,初始状态下,基础底部 SZ 应力分布较为均匀,边缘独立基础部分压应力略大于中间部分。无论是初始状态还是地表变形作用后,基础底部 SZ 应力均为压应力,最大压应力约为 40 kPa。

在水平压缩作用下,其应力相对于初始状态变化不大。在水平拉伸和正曲率作用下,基础底部中间应力增大,两端减小,这主要是由于拉伸和正曲率作用都会使土体产生拉应力,最终会导致基础边缘与地基土脱离,因而使中间区域地基土压应力增大,边缘压应力减小。

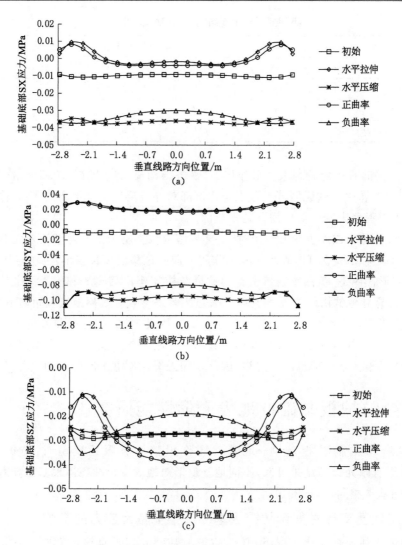

图 5-10　基础底部地基土应力图

(a) 基础底部 SX 应力；(b) 基础底部 SY 应力；(c) 基础底部 SZ 应力

负曲率作用使基底地基土应力中间减小，两端增大，这主要是由于负曲率变形下，基底中间土体下沉量大于边缘。

5.3.2　不同地基变形对上部铁塔结构的影响

图 5-11 为 4 种地基变形工况下，上部复合防护板基础及输电铁塔结构的变形及应力分布图。图中圆圈表示铁塔结构 von Mises 应力的最大值处。

由图 5-11 可知，在 4 种地基变形作用下，独立基础与防护板之间均产生了相对滑移。输电铁塔在水平拉伸和正曲率工况下根开变大，塔腿横隔材的中间节点处应力最大；在水平压缩和负曲率工况下根开减小，第一交叉斜材和主材连接的下节点处应力最大。防护板在曲率变形作用下产生了轻微的弧度变形。

表 5-3 示出了 4 种地基变形工况下上部铁塔结构的支座 A 位移和最大 von Mises 应力值。由表 5-3 可知，在给定的地表变形作用下，铁塔均没有杆件屈服的情况出现，铁塔结构

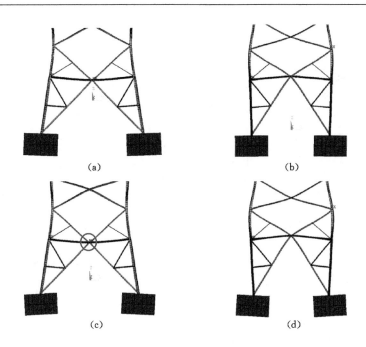

图 5-11　上部基础及铁塔结构变形及应力分布图(放大 30 倍)
(a) 水平拉伸工况;(b) 水平压缩工况;(c) 正曲率工况;(d) 负曲率工况

最大应力在 96.9～114.0 MPa 之间。这说明若不考虑整体沉降对导线离地安全距离、导地线张力等的影响,输电铁塔结构本身在背景工程地表变形值作用下是安全的。

表 5-3　　　　　　　　　　不同变形对上部结构影响(复合防护板基础)

比较项目		初始	水平拉伸	水平压缩	正曲率	负曲率
支座 A 位移	UX/mm	0.0	0.2	−0.3	0.2	−0.3
	UY/mm	0.0	−7.7	6.5	−6.7	7.5
	UZ/mm	0.0	−29.3	9.2	−1.6	−313.7
最大 von Mises 应力/MPa		20.3	114.0	96.9	98.2	108.7

由表 5-3 还可知,在给定的地表变形作用下,上部铁塔结构支座主要产生沿地表变形方向的位移 UY 和竖向位移 UZ,垂直地表水平变形作用方向的位移值 UX 较小,可忽略其影响。负曲率作用下铁塔结构支座位移 UY、UZ 和最大应力均大于正曲率工况,拉伸变形作用下铁塔结构支座位移 UY、UZ 和最大应力均大于压缩变形。

5.4　独立基础和复合防护板基础抗地表变形性能对比

5.4.1　两种基础形式下铁塔结构应力对比

在 5.2 节和 5.3 节的基础上,对独立基础和板厚为 300 mm 的复合防护板基础的抗地表变形性能进行了对比分析。

图 5-12 为独立基础和复合防护板基础在初始状态和不同地表变形作用后上部铁塔结

构的最大 von Mises 应力对比图。

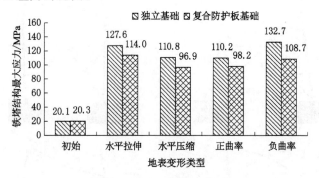

图 5-12　两种基础形式下铁塔结构最大应力对比

由图 5-12 可知,在初始状态下,两种基础形式下上部铁塔结构的最大应力值基本相同。在承受 4 种地表变形作用后,复合防护板基础的铁塔结构最大应力均小于独立基础。复合防护板基础相对于独立基础,最大应力减小幅度由大到小排列为:负曲率变形>水平压缩变形>正曲率变形>水平拉伸变形,其减小幅度依次为 18.09%、12.55%、10.89% 和 10.66%。

地表变形作用后的应力减去初始状态下的应力即为铁塔结构在地表变形作用下产生的附加应力。图 5-13 为独立基础和复合防护板基础在地表变形作用下上部铁塔结构的最大附加应力对比图。图 5-14 为复合防护板基础相对于独立基础的最大附加应力减小幅度。

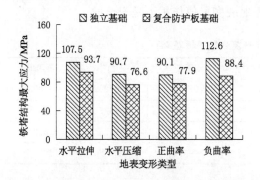

图 5-13　两种基础形式下铁塔结构附加应力对比

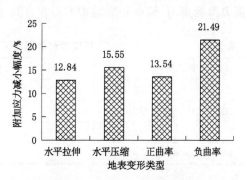

图 5-14　附加应力减小幅度

由图 5-13 和图 5-14 可知,复合防护板基础相对于独立基础,输电铁塔结构在地表变形作用下产生的附加应力减小幅度由大到小排列为:负曲率变形>水平压缩变形>正曲率变形>水平拉伸变形,其减小幅度依次为 21.49%、15.55%、13.54% 和 12.84%。

5.4.2　两种基础形式下铁塔支座位移对比

图 5-15 为独立基础和复合防护板基础在不同地表变形作用下上部铁塔结构支座位移对比图。为了对比分析,位移值均取正值,不考虑方向。

由图 5-15 可知,在垂直线路 Y 方向施加地表变形作用时,铁塔支座位移主要产生沿地表变形方向的位移 UY 和竖向位移 UZ,垂直地表变形方向产生的位移 UX 很小,基本可忽略不计,不再进行对比分析。

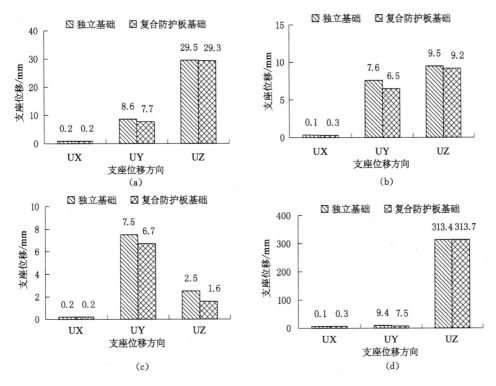

图 5-15 不同地表变形下铁塔支座位移对比图

(a)水平拉伸变形下支座位移对比;(b)水平压缩变形下支座位移对比;

(c)正曲率变形下支座位移对比;(d)负曲率变形下支座位移对比

图 5-16 为独立基础和复合防护板基础在不同地表变形作用下铁塔支座沿地表变形方向位移 UY 和竖向位移 UZ 对比图。

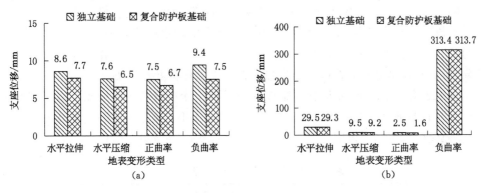

图 5-16 两种基础形式支座位移对比图

(a)支座位移 UY;(b)支座位移 UZ

图 5-16(a)为支座位移 UY 对比图。由图 5-16(a)可知,在给定的地表变形作用下,铁塔支座产生的位移 UY 均在 6～10 mm 之间,且复合防护板基础的铁塔支座位移 UY 均小于独立基础。这主要是由于复合防护板基础使各铁塔支座独立基础之间的土体与防护板下部土体隔离开,有效抑制了各独立基础间土体产生拉伸变形和压缩变形。复合防护板基础相

对于独立基础,支座位移 UY 的减小幅度由大到小排列为:负曲率变形＞水平压缩变形＞正曲率变形＞水平拉伸变形,其减小幅度依次为 20.21％、14.47％、10.67％和 10.47％。

对于复合防护板基础,有限元模拟得到,在地表变形作用下其上部铁塔 4 个支座的竖向位移基本一致。可见,复合防护板基础可有效改善铁塔支座的竖向不均匀沉降。

图 5-16(b)为支座位移 UZ 对比图。由图 5-16(b)可知,在给定的地表变形作用下,两种基础形式下铁塔支座竖向位移 UZ 相差不大。这主要是由于铁塔基础结构底面积相对于整个地基土平面尺寸较小,铁塔及基础结构在地表产生竖向位移时产生整体下沉,此时复合防护板就起不到抑制土体产生竖向变形的作用。

综上所述可得:复合防护板基础相对于独立基础,对上部铁塔结构具有更好的保护作用,主要体现在复合防护板基础可以有效减小上部铁塔结构杆件应力和支座沿变形方向的水平位移,改善铁塔支座的竖向不均匀沉降。相比而言,在负曲率和水平压缩变形工况下,复合防护板基础对上部铁塔结构的保护作用要优于正曲率和水平拉伸工况。但是,复合防护板基础对于减小铁塔整体竖向位移的效果不明显,必须采取有效措施来减小整体竖向下沉的影响。

5.5 板厚对复合防护板基础抗地表变形性能的影响规律

本节针对不同复合防护板厚度(100 mm、200 mm、300 mm、400 mm、500 mm 和 600 mm)建立铁塔—复合防护板基础—地基共同作用整体有限元模型,对比分析复合防护板不同厚度取值对其抗地表变形性能的影响规律。

5.5.1 板厚对铁塔支座水平相对位移的影响规律

复合防护板基础的抗地表变形作用主要是为了保护上部铁塔结构不发生破坏,确保输电线路的安全运行。输电铁塔在地表变形作用下发生破坏主要是由于铁塔支座水平根开变化或支座的不均匀沉降。在本书研究的地基变形工况下,铁塔支座主要产生了沿地表变形方向的水平位移和整体竖向位移。整体竖向位移只会影响输电线路的对地安全距离,不会对铁塔的受力产生较大影响。因此,将地表变形作用下铁塔支座水平相对位移作为对象进行对比分析,研究板厚对输电铁塔支座位移的影响规律具有重要意义。

在 4 种地表变形工况下,不同板厚整体有限元模型计算得到的铁塔支座水平相对位移值汇总于表 5-4,厚度为 0 表示独立基础的情况。表 5-4 中支座水平相对位移指沿地表变形方向的铁塔支座相对位移,正值表示根开变大,负值表示根开减小。

表 5-4 输电铁塔支座水平相对位移值汇总表 mm

地表变形工况	复合防护板厚度						
	0	100	200	300	400	500	600
水平拉伸	17.2	16.0	16.0	15.4	15.4	15.2	15.2
水平压缩	−15.2	−13.8	−13.4	−13.0	−12.8	−12.6	−12.4
正曲率	15.0	14.2	13.8	13.4	13.4	13.2	13.2
负曲率	−18.8	−16.8	−15.8	−15.0	−14.6	−14.2	−14.0

图 5-17 为 4 种地表变形工况下铁塔支座水平相对位移与复合防护板厚度之间的关系曲线图。由图 5-17 可得:在 4 种地表变形工况下,当采用复合防护板基础时,铁塔支座的水平相对位移均比独立基础的情况小,且支座水平相对位移随着防护板厚度的增加而减小,但减小的幅度不同。

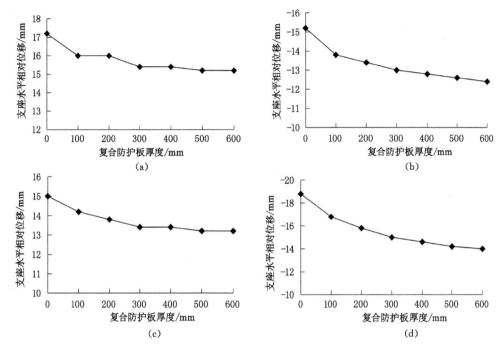

图 5-17 支座水平相对位移与板厚的关系曲线
(a) 水平拉伸工况;(b) 水平压缩工况;(c) 正曲率工况;(d) 负曲率工况

图 5-18 为 4 种地表变形工况下复合防护板基础铁塔支座水平相对位移相对于独立基础情况下的减小幅度与复合防护板厚度之间的关系曲线图。

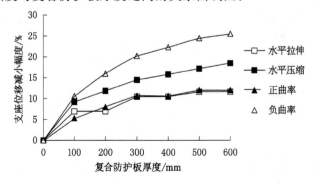

图 5-18 支座位移减小幅度与板厚的关系曲线

由图 5-18 可知,随着板厚的增大,负曲率地表变形工况下铁塔支座位移的减小幅度变化最大,水平压缩地表变形工况次之,水平拉伸和正曲率地表变形工况下的减小幅度最小。当板厚为 600 mm 时,4 种地表变形工况下铁塔支座位移的减小幅度从大到小分别为

25.53%、18.42%、12.00%和11.63%。

由图 5-18 还可知,支座位移的减小幅度与板厚不呈线性关系。当防护板厚度在 0～300 mm时,其减小幅度变化明显,其后随着基础板厚的增加其减小幅度的变化趋势不断减小。当防护板厚度为 300 mm 时,4 种地表变形工况下铁塔支座位移减小幅度已达到最大减小幅度的 78.57%～90.03%。

5.5.2 板厚对铁塔结构最大应力的影响规律

在 4 种地表变形工况下,不同板厚整体有限元模型计算得到的铁塔结构最大 von Mises 应力值汇总于表 5-5,厚度为 0 表示独立基础的情况。

表 5-5   输电铁塔结构最大应力值汇总表   MPa

地表变形工况	复合防护板厚度/mm						
	0	100	200	300	400	500	600
水平拉伸	127.6	117.6	116.7	114.0	113.1	112.6	112.1
水平压缩	110.8	101.1	98.7	96.9	95.5	94.2	93.1
正曲率	110.2	104.5	101.3	98.2	98.0	96.9	96.9
负曲率	132.7	119.6	113.6	108.7	105.8	103.9	102.7

图 5-19 为 4 种地表变形工况下铁塔结构最大应力与复合防护板厚度之间的关系曲线。

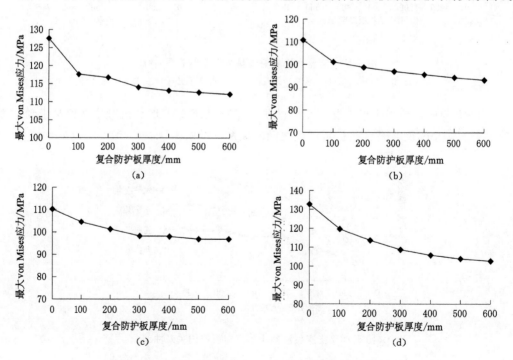

图 5-19   铁塔结构最大应力与板厚的关系曲线
(a) 水平拉伸工况;(b) 水平压缩工况;(c) 正曲率工况;(d) 负曲率工况

由图 5-19 可得:在 4 种地表变形工况下,当采用复合防护板基础时,铁塔结构的最大应力均比独立基础的情况小,且支座水平相对位移随着防护板厚度的增加而减小,但减小的幅度不同。

图 5-20 为 4 种地表变形工况下,复合防护板基础铁塔结构最大应力相对于独立基础情况下的减小幅度与复合防护板厚度之间的关系曲线。

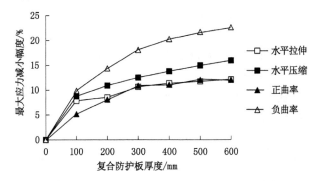

图 5-20 最大应力减小幅度与板厚的关系曲线

由图 5-20 可见,在 4 种地表变形工况下,当板厚为 600 mm 时,铁塔结构最大应力减小幅度从大到小依次为负曲率、水平压缩、水平拉伸、正曲率,减小幅度依次为 22.61%、15.97%、12.15% 和 12.07%。负曲率变形往往伴随着水平压缩变形,正曲率变形往往伴随着水平拉伸变形。由此可得:复合防护板基础对输电铁塔抗水平压缩地表变形性能的增强效果优于抗水平拉伸地表变形性能。

由图 5-42 还可知,设置了 100 mm 厚的防护板后,铁塔结构最大应力比独立基础的情况有了明显的减小,在正曲率和拉伸作用下其减小幅度分别达到了 5.17%、7.84% 左右,在压缩变形和负曲率作用下其减小幅度更是分别达到了 8.75% 和 9.87%。此后,随着板厚的增大,其减小幅度的变化速度减缓。尤其当板厚超过 300 mm 之后,其变化的趋势更加趋于平缓。比如在负曲率作用下,当板厚为 300 mm 时,其减小幅度为 18.09%,而当厚度为 600 mm 时,其减小幅度仅为 22.61%,可见当厚度超过 300 mm 后其保护作用的增加是很有限的。当防护板厚度在 0~300 mm 时,复合防护板基础的抗地表变形性能明显增强,当板厚大于 300 mm 以后,复合防护板基础的抗地表变形性能增强效果不明显。

综合板厚对铁塔支座水平相对位移和结构最大应力的影响规律可得:对于 110 kV 典型 1B-ZM3 输电铁塔,设置复合防护板基础能有效减小输电铁塔在地表变形作用下的结构变形和结构内力,对上部铁塔结构具有更好的保护作用,其保护效果随着板厚的增大而增强。当复合防护板厚度为 200~300 mm 时,可兼顾保护效果和经济性。

5.6 本章小结

(1) 以输电铁塔—基础—地基整体模型为研究对象,输电铁塔在水平拉伸和正曲率工况下根开变大,塔腿横隔材的中间节点处应力最大;在水平压缩和负曲率工况下根开减小,第一交叉斜材和主材连接的下节点处应力最大。基础在水平变形作用下基本未发生倾斜,在曲率变形作用下产生了轻微的倾斜变形,且独立基础的倾斜变形明显大于复合防护板基础。

（2）在背景工程预计得到的地表变形作用下，输电铁塔结构产生的最大应力为132.7 MPa，均未出现杆件屈服现象。可见，在不考虑整体沉降对导线离地安全距离、导地线张力等的影响时，输电铁塔结构本身在背景工程中是安全的。

（3）在地表变形作用时，上部铁塔结构支座主要产生沿地表变形方向的位移和竖向位移，垂直地表水平变形作用方向的位移值较小，可忽略其影响。在负曲率变形工况下，铁塔基础位置的竖向位移达到 313 mm，远大于水平位移，容易导致线路对地安全距离不满足，因此输电线路通过采动区时垂直安全距离需要留有一定的富余度。

（4）在曲率变形作用时，负曲率变形比正曲率变形引起的铁塔结构支座位移和结构应力更大，因此负曲率比正曲率更为不利；在地表水平变形作用时，拉伸变形比压缩变形引起的铁塔结构支座位移和结构应力更大，同时其引起的整体下沉值也不可忽视，因此拉伸工况比压缩工况更不利。

（5）复合防护板基础相对于独立基础，对上部铁塔结构具有更好的保护作用，主要体现在复合防护板基础可以有效减小上部铁塔结构杆件应力和支座沿变形方向的水平位移，改善铁塔支座的竖向不均匀沉降。相比而言，在负曲率和水平压缩变形工况下，复合防护板基础对上部铁塔结构的保护作用要优于正曲率和水平拉伸工况。但是，复合防护板基础对于减小铁塔整体竖向位移的效果不明显，必须采取有效措施来减小整体竖向下沉的影响。

（6）复合防护板基础对上部铁塔结构的保护作用随着板厚的增大而增大，但当厚度增大到某一定值后其作用增幅趋缓，因此不宜单纯依靠增大复合防护板厚度来提高基础的抗变形能力。就本书的研究的 1B-ZM3 输电铁塔而言，复合防护板的合理厚度取值应为 200～300 mm，为铁塔长向根开的 1/20～1/10，此时可兼顾保护效果和经济性。

6 采动区输电铁塔抗风性能的有限元模拟研究

采用 ANSYS 有限元模拟方法,获得 1B-ZM3 输电铁塔承受不同地表变形后在风荷载作用下的破坏形态、抗风极限承载力和极限风速,研究地表变形对输电铁塔抗风性能的影响规律,提出采动区输电铁塔抗风极限承载力和极限风速预计模型,为采动影响区输电铁塔在风荷载作用下的安全性评价提供参考。

6.1 有限元模型的建立及模拟求解方法

6.1.1 输电铁塔模型

采用 ANSYS 软件建立 1B-ZM3 输电铁塔的梁桁混合有限元模型,具体建模方法与第 4 章相同。

6.1.2 初始工况及风荷载方向

本研究初始荷载工况、初始地表变形工况、初始地表变形值和风荷载方向见表 6-1。

表 6-1   研究要素汇总表

初始荷载工况		初始地表变形工况	初始地表变形值	风荷载方向
正常运行工况(15 ℃,无风,无覆冰)	1	长向单独支座水平拉伸	针对每种地表变形工况,分别考虑 0%,20%,40%,60%,80% 和 100% 的极限支座位移	与线路方向成 90°
	2	长向单独支座水平压缩		
	3	短向单独支座水平拉伸		
	4	短向单独支座水平压缩		
	5	单独支座竖向下沉		
	6	长向双支座水平拉伸		
	7	长向双支座水平压缩		
	8	短向双支座水平拉伸		
	9	短向双支座水平压缩		
	10	长向双支座竖向下沉		
	11	短向双支座竖向下沉		

6.1.3 风荷载的计算和施加方法

（1）风荷载的计算方法

输电铁塔风荷载包括线路风荷载和塔身风荷载两部分。1B-ZM3 塔的设计最大风速为 30 m/s,将 30 m/s 风速下输电铁塔线路和塔身承受的风荷载定义为设计风荷载。

在 30 m/s 设计风速工况下,线路荷载可根据《国家电网公司输变电工程典型设计》(110 kV 输电线路分册)确定,见表 3-1。塔身风荷载根据《架空输电线路运行规程》(DLT 741—2010)中第 3.8.1 条规定计算。由于计算塔身风荷载时风压高度变化系数随着高度的变化而变化,因此对塔身风荷载进行分段计算,一般将一个交叉斜材或半斜材划分为一段。

（2）风荷载的施加方法

线路承受的水平风荷载,通过施加集中力的方式施加于铁塔相应挂点上;塔身承受的水平风荷载,通过施加集中力的方式将计算得到的塔身风荷载施加于塔身的分段点上,近似模拟塔身承受的风荷载。

6.1.4 有限元模拟求解方法

本研究在采用有限元软件分析时采用 3 个荷载步进行加载求解:

（1）第一荷载步:施加输电铁塔在正常运行工况下的导、地线荷载及塔体自重,求解仅考虑自重作用下铁塔结构的受力和变形;

（2）第二荷载步:对铁塔支座施加地表变形作用下的位移值,求解地表变形作用下铁塔结构的受力和变形;

（3）第三荷载步:采用对该荷载步设置多个子步的方法,对输电铁塔逐级施加线路和塔身风荷载直至输电铁塔破坏,获得输电铁塔在风荷载作用下的破坏形态和抗风极限承载力。

6.1.5 输电铁塔抗风极限状态判断准则

输电铁塔抗风极限状态判断准则与极限支座位移判断准则相同,见第 4.1.2 节。将输电铁塔抗风极限状态下的风荷载定义为抗风极限承载力,相对应的风速定义为极限风速。

6.2 风荷载对未承受地表变形输电铁塔的影响

6.2.1 输电铁塔在风荷载作用下的变形分析

在进行铁塔受力和变形分析时,铁塔杆件编号与位移控制点如图 4-3 所示。

输电铁塔在逐级递增的 90°风荷载作用下逐渐产生沿风向的倾斜,当风荷载加载至 101.19%的设计风荷载(折算成风速约为 30.18 m/s)时,ANSYS 计算无法收敛退出计算。此时,输电铁塔结构产生的变形已非常明显。

图 6-1 为输电铁塔在 90°风荷载作用下的最终变形图。由图 6-1 可知,在风荷载作用下,输电铁塔结构在沿风向的倾斜变形较为明显,主材产生较明显的弯曲变形,此时结构产生最大位移值为 238.78 mm。除整体产生较大的倾斜外,还可以观察到铁塔变形较大的杆件出现在塔身宽面中间部位,变形最大的杆件为塔底向上第五交叉斜材的沿风向斜向下杆件(杆件编号为斜材-13),杆件变形呈波浪形,见图 6-1 中椭圆位置,其他位置斜材和辅助材变形均不明显。

图 6-2 为塔顶位移控制点的位移与风荷载的变化关系图。UX 为沿线路方向的位移,UY 为垂直线路方向的位移,UZ 为竖直方向的位移。由图 6-2 分析可知,在风荷载的作用下,塔顶主要产生沿风向的位移 UY,UX 和 UZ 变化较小。当风荷载增加至 101.19%的设

 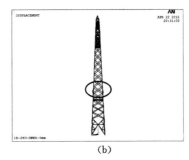

(a)　　　　　　　　　　　　(b)

图 6-1　铁塔在 90°风荷载作用下变形图

(a) 正面变形情况(放大 20 倍);(b) 侧面变形情况(放大 20 倍)

计风荷载时,塔顶沿风向位移 UY 为 222.97 mm,小于《架空输电线路运行规程》(DLT 741—2010)规定的最大允许水平位移值 1.0%×H=258 mm。

由图 6-2 还可知,塔顶沿风向位移 UY 与风荷载呈线性关系。由此可知,当风荷载增加至 101.19%设计风荷载时,铁塔部分杆件发生破坏,导致 ANSYS 计算无法收敛而退出计算,但此时铁塔整体仍具有抵抗风荷载的能力。

图 6-3 为将风荷载折算成风速后塔顶位移控制点的位移与风速的变化关系图。由图 6-3 可知,铁塔承受的最大风速为 30.18 m/s。塔顶沿风向位移 UY 随着风速的增大而增大,且增加速率也随风速的增大而增大。

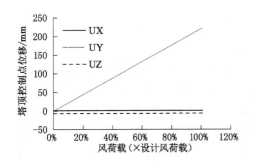 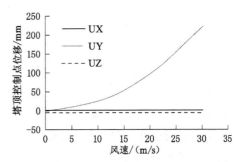

图 6-2　塔顶控制点位移与风荷载的变化关系图　　图 6-3　塔顶控制点位移与风速的变化关系图

6.2.2　输电铁塔在风荷载作用下的受力分析

图 6-4 为输电铁塔在最大风荷载作用下的轴应力等值图。由图 6-4 可知,迎风面主材承受轴向拉应力,拉应力最大值为 243.67 MPa,背风面主材承受轴向压应力,压应力最大值为 270.56 MPa。沿风向斜向上斜材杆件承受轴向拉应力,斜向下斜材杆件承受轴向压应力,且斜材杆件压应力值一般大于拉应力值。横隔材和辅助材杆件的轴向应力值相对较小。

图 6-5 为输电铁塔在最大风荷载作用下的 von Mises 应力等值图。由图 6-5 可知,主材的等效应力明显大于斜材和辅助材,局部最大应力出现在背风面受压主材和第一交叉斜材下侧连接节点处,最大应力值为 356.34 MPa,已超过主材屈服强度 345 MPa。

由于输电铁塔的破坏杆件为第五交叉斜材沿风向斜向下受压杆件,因此重点对宽面交叉斜材斜向下受压杆件进行受力分析。

图 6-6 为第一至第六交叉斜材受压杆件轴力与风荷载关系曲线。

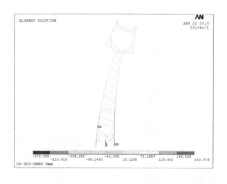
图 6-4　轴应力等值图

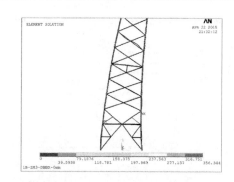
图 6-5　von Mises 应力等值图

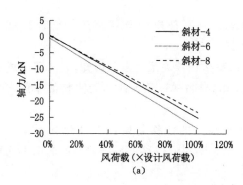
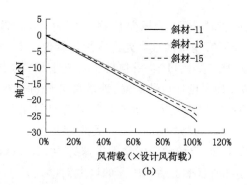

图 6-6　交叉斜材受压杆件轴力与风荷载关系曲线
(a) 第一至第三交叉斜材；(b) 第四至第六交叉斜材

由图 6-6 可知,除第五交叉斜材受压杆(斜材-13)外,其余杆件的轴力均随着风荷载的增大线性增大,直至增加至最大风荷载。当风荷载为 101.09% 的设计荷载时,斜材-13 轴力出现极值,随后轴力出现下降。虽然第一至第四和第六交叉斜材受压杆的最大轴力值均大于第五交叉斜材受压杆,但第五交叉斜材受压杆为最初破坏杆件,这主要是由于第一至第四交叉斜材的角钢截面均大于第五交叉斜材,虽然第六交叉斜材的角钢截面与第五交叉斜材相同,但其杆件长细比小于第五交叉斜材。此外,交叉斜材拉压杆的比值也是影响交叉斜材稳定承载力的原因之一。因此,交叉斜材杆件的截面特性、长度和拉压比等因素决定了输电铁塔在风荷载作用下的破坏杆件。

综合上述输电铁塔在风荷载作用下的受力和变形情况可得:在无地表变形工况下,当风荷载加载至 101.09% 的设计风荷载(折算成风速约为 30.16 m/s)时,铁塔主要产生沿风向的倾斜变形,塔身中间第五交叉斜材受压杆(斜材-13)发生受压失稳破坏,而其他斜材和辅助材变形不明显。

根据输电铁塔抗风极限状态判断准则,在无地表变形工况下,输电铁塔在风荷载作用下极限状态以第五交叉斜材受压杆(斜材-13)受压失稳破坏为标志。因此,在无地表变形工况下,输电铁塔的抗风极限承载力为 101.09% 的设计风荷载,相应极限风速为 30.16 m/s。

6.3　风荷载对承受地表变形后输电铁塔的影响

输电铁塔在承受一定的地表变形后施加风荷载,铁塔杆件受力可以认为是输电铁塔在地表变形和风荷载作用下的叠加。因此,地表变形对输电铁塔抗风性能的影响取决于地表变形对输电铁塔产生的杆件初始应力对输电铁塔抗风的影响程度。

限于篇幅,以初始地表变形工况为长向双支座水平拉伸工况(DLLA),地表变形值为极限支座位移的40%为例,分析风荷载对承受地表变形后输电铁塔的影响规律。

6.3.1　输电铁塔在风荷载作用下的变形分析

输电铁塔承受长向双支座水平拉伸位移为 10 mm(40%的极限支座位移)时,当风荷载加载至82.10%设计风荷载(折算成风速约为 27.18 m/s)时,ANSYS 计算无法收敛退出计算。

图 6-7 为长向双支座水平拉伸位移为 10 mm 的输电铁塔在风荷载作用下的最终变形图。由图 6-7 可知,输电铁塔结构在沿风向的倾斜变形较为明显,主材产生较明显的弯曲变形,此时结构产生最大位移值为 198.54 mm,小于无地表变形工况。铁塔变形较大的杆件出现在靠近塔底部位,变形最大的杆件为第一交叉斜材沿风向斜向下杆件(杆件编号为斜材-4),杆件变形呈波浪形,见图 6-7 中椭圆位置,其他位置斜材和辅助材变形均不明显。

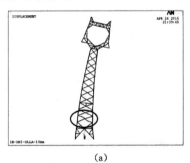 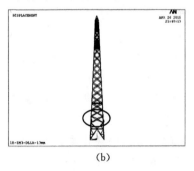

(a)　　　　　　　　　　　　　　(b)

图 6-7　铁塔在 90°风荷载作用下变形图(DLLA＝10 mm)

(a) 正面变形情况(放大 20 倍);(b) 侧面变形情况(放大 20 倍)

在承受地表变形后,输电铁塔的破坏杆件从第五交叉斜材的沿风向斜向下杆件(斜材-13)变为第一交叉斜材的沿风向斜向下杆件(斜材-4)。这主要是由于在长向双支座水平拉伸地表变形工况下,输电铁塔沿支座位移方向从下到上交叉斜材受力呈“压—拉”交替变化,且交叉斜材约靠近塔底,交叉斜材杆件受地表变形影响越大,杆件应力越大,从而导致输电铁塔在承受地表变形后第一交叉斜材杆件初始压应力较大。因此,输电铁塔在风荷载作用下第一交叉斜材沿风向斜向下杆件率先达到稳定承载力,发生失稳破坏。

6.3.2　输电铁塔在风荷载作用下的受力分析

图 6-8 为第一至第六交叉斜材受压杆件轴力与风荷载的关系曲线。由图 6-8 可知,除第一交叉斜材受压杆(斜材-4)外,其余杆件的轴力均随着风荷载的增大线性增大,直至增加至最大风荷载。当风荷载为 81.85%设计荷载时,斜材-4 轴力出现极值,随后轴力出现下降。

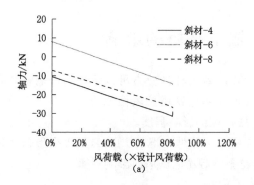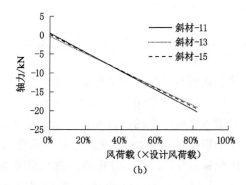

图 6-8　交叉斜材受压杆件轴力与风荷载的关系曲线

(a) 第一至第三交叉斜材；(b) 第四至第六交叉斜材

综上所述可得：在承受 10 mm 的长向双支座水平拉伸位移后，输电铁塔在风荷载作用下极限状态以第一交叉斜材受压杆（斜材-4）受压失稳破坏为标志。此时，输电铁塔的抗风极限承载力为 81.85％设计风荷载，相应极限风速为 27.14 m/s。

6.4　地表变形对输电铁塔抗风性能的影响规律

6.4.1　长向单支座水平拉伸(SLLA)

图 6-9 为 SLLA 工况下地表变形与风荷载的加载方向示意图。其中支座编号代表在有限元模型中的对应关键点编号，圆圈代表对该支座施加地表变形位移，圆心箭头代表位移方向，三个平行箭头代表风荷载加载方向，X 坐标轴为沿线路方向，Y 坐标轴为垂直线路方向，余同。

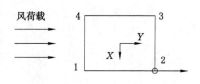

图 6-9　SLLA 工况加载简图

由第 4 章有限元计算结果可知，输电铁塔在长向单支座水平拉伸工况下的极限支座位移为 25 mm。施加的初始地表变形分别为 0％、20％、40％、60％、80％和 100％的极限支座位移，因此，支座位移加载值分别为 0 mm、5 mm、10 mm、15 mm、20 mm 和 25 mm。

图 6-10 为输电铁塔的抗风极限承载力和极限风速与支座位移的关系曲线。

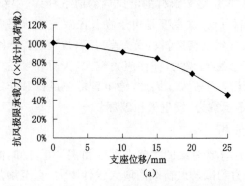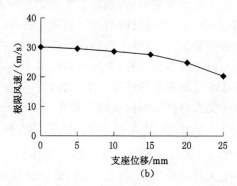

图 6-10　抗风极限承载力、极限风速与支座位移的关系曲线

(a) 抗风极限承载力；(b) 极限风速

由图 6-10(a)可知,输电铁塔的抗风极限承载力随着支座位移的增大而减小。当支座位移为 0 时,输电铁塔的抗风极限承载力为 101.09% 的设计风荷载,说明输电铁塔结构满足抗风设计要求。当支座位移为极限支座位移值 25 mm 时,其抗风极限承载力为 45.66% 的设计风荷载,为无地表变形时的 45.17%。

由图 6-10(b)可知,输电铁塔的极限风速随着支座位移的增大而减小。当无地表变形时,输电铁塔能够承受的极限风速为 31.16 m/s,当支座位移为极限支座位移值 25 mm 时,其极限风速为 20.27 m/s,为无地表变形时的 81.08%。

为了便于输电铁塔的安全性评价,将铁塔支座位移折算成地表水平变形。图 6-11 为抗风极限承载力和极限风速与折算后地表水平变形的关系曲线。由图 6-11 可知,输电铁塔的抗风极限承载力和极限风速随着地表水平变形的增大而减小。输电铁塔的抗风极限承载力和极限风速与地表水平变形值之间的定量关系通过多项式回归分析得到。

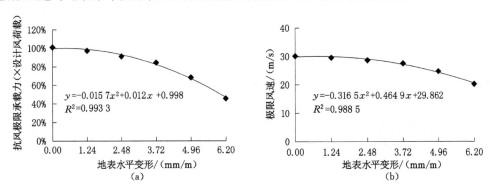

图 6-11　抗风极限承载力、极限风速与地表水平变形的关系曲线
(a) 抗风极限承载力;(b) 极限风速

图 6-12 为输电铁塔抗风极限承载力和极限风速的减小幅度与地表水平变形之间的关系曲线。

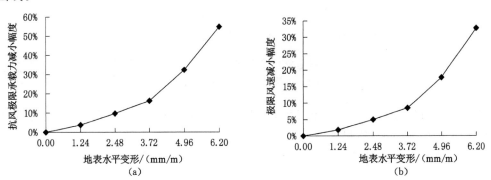

图 6-12　抗风极限承载力、极限风速的减小幅度与地表水平变形的关系曲线
(a) 抗风极限承载力减小幅度;(b) 极限风速减小幅度

由图 6-12(a)可知,地表水平变形越大,输电铁塔抗风极限承载力的减小幅度越大,且地表水平变形越大,抗风极限承载力减小幅度变化越明显。当地表水平变形为 6.20 mm/m 时,抗风极限承载力的最大减小幅度为 84.83%。当地表水平变形为 0～3.72 mm/m 时,其

减小幅度变化量为 9.73%，仅为最大减小幅度的 17.75%；当地表水平变形为 3.72～6.20 mm/m 时，其减小幅度变化明显，减小幅度变化量为 45.10%，为最大减小幅度的82.25%。

由图 6-12(b)可知，地表水平变形越大，输电铁塔极限风速的减小幅度越大，且地表水平变形越大，极限风速减小幅度变化越明显。当地表水平变形为 6.20 mm/m 时，极限风速的最大减小幅度为 32.79%。当地表水平变形为 0～3.72 mm/m 时，其减小幅度变化量为8.52%，仅为最大减小幅度的 25.98%；当地表水平变形为 3.72～6.20 mm/m 时，其减小幅度变化明显，减小幅度变化量为 24.27%，为最大减小幅度的 74.02%。

6.4.2 长向单支座水平压缩(SLYA)

图 6-13 为 SLYA 工况下地表变形与风荷载的加载方向示意图。输电铁塔在 SLYA 工况下的极限支座位移为19.5 mm，支座位移加载值分别为 0 mm、5 mm、10 mm、15mm、20 mm 和 25 mm。

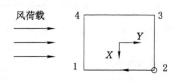

图 6-13 SLYA 工况加载简图

图 6-14 为输电铁塔的抗风极限承载力和极限风速与支座位移的关系曲线。由图 6-14 可知，输电铁塔的抗风极限承载力和极限风速随着支座位移的增大而减小。当支座位移为极限支座位移值 19.5 mm时，其抗风极限承载力为 14.70% 的设计风荷载，仅为无地表变形时的 14.54%；此时极限风速为 11.50 m/s，为无地表变形时的 38.13%。

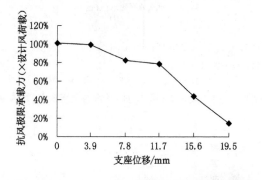 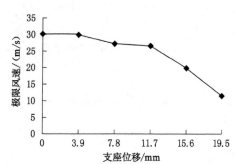

图 6-14 抗风极限承载力、极限风速与支座位移的关系曲线

(a) 抗风极限承载力；(b) 极限风速

图 6-15 为抗风极限承载力和极限风速与地表水平变形之间的关系曲线，它们之间的定量关系通过多项式回归分析得到。

图 6-16 为输电铁塔抗风极限承载力和极限风速的减小幅度与地表水平变形之间的关系曲线。

由图 6-16(a)可知，输电铁塔抗风极限承载力的减小幅度随着地表水平变形的增大而增大。当地表水平变形为 4.83 mm/m 时，抗风极限承载力的最大减小幅度为 85.46%。当地表水平变形为 0～2.90 mm/m 时，其减小幅度增长较缓，减小幅度变化量为 22.27%，仅为最大减小幅度的 26.06%；当地表水平变形为 2.90～4.83 mm/m 时，其减小幅度增长明显，减小幅度变化量为 63.19%，为最大减小幅度的 73.94%。

由图 6-16(b)可知，输电铁塔极限风速的减小幅度随着地表水平变形的增大而增大。

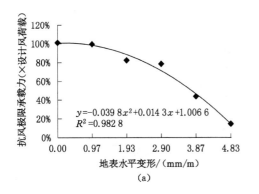 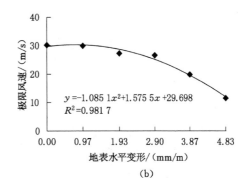
(a)　　　　　　　　　　　　　　　(b)

图 6-15　抗风极限承载力、极限风速与地表水平变形的关系曲线

(a) 抗风极限承载力；(b) 极限风速

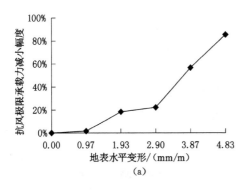 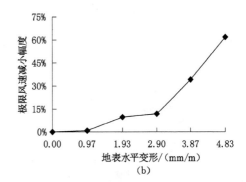
(a)　　　　　　　　　　　　　　　(b)

图 6-16　抗风极限承载力、极限风速的减小幅度与地表水平变形的关系曲线

(a) 抗风极限承载力减小幅度；(b) 极限风速减小幅度

当地表水平变形为 4.83 mm/m 时，极限风速的最大减小幅度为 61.87%。当地表水平变形为 0～2.90 mm/m 时，其减小幅度增长较缓，减小幅度变化量为 11.83%，仅为最大减小幅度的 19.12%；当地表水平变形为 2.90～4.83 mm/m 时，其减小幅度增长明显，减小幅度变化量为 50.04%，为最大减小幅度的 80.88%。

6.4.3　短向单支座水平拉伸(SNLA)

　　图 6-17 为 SNLA 工况下地表变形与风荷载的加载方向示意图。输电铁塔在 SNLA 工况下的极限支座位移为 27 mm，支座位移加载值分别为 0 mm、5.4 mm、10.8 mm、16.2 mm、21.6 mm 和 27.0 mm。

　　图 6-18 为输电铁塔的抗风极限承载力和极限风速与支座位移的关系曲线。由图 6-18 可知，输电铁塔的抗风极限承载力和极限风速随着支座位移的增大而减小。当支座位

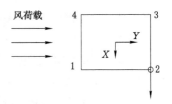

图 6-17　SNLA 工况加载简图

移为极限支座位移值 27.0 mm 时，其抗风极限承载力为 77.36% 的设计风荷载，为无地表变形时的 76.53%；此时极限风速为 26.39 m/s，为无地表变形时的 87.50%。

　　图 6-19 抗风极限承载力和极限风速与地表水平变形之间的关系曲线，它们之间的定量

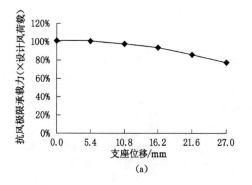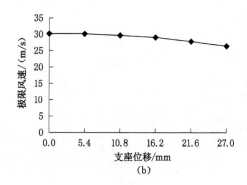

图 6-18　抗风极限承载力、极限风速与支座位移的关系曲线

(a) 抗风极限承载力;(b) 极限风速

关系通过多项式回归分析得到。

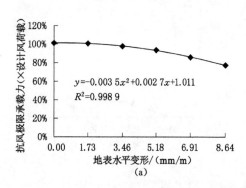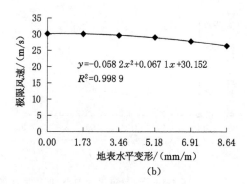

图 6-19　抗风极限承载力、极限风速与地表水平变形的关系曲线

(a) 抗风极限承载力;(b) 极限风速

　　图 6-20 为输电铁塔抗风极限承载力和极限风速的减小幅度与地表水平变形之间的关系曲线。

　　由图 6-20(a)可知,输电铁塔抗风极限承载力的减小幅度随着地表水平变形的增大而增大。当地表水平变形为 8.64 mm/m 时,抗风极限承载力的最大减小幅度为 23.47%。当地表水平变形为 0~5.18 mm/m 时,其减小幅度增长较缓,减小幅度变化量为 7.43%,仅为最大减小幅度的 31.66%;当地表水平变形为 5.18~8.64 mm/m 时,其减小幅度增长明显,减小幅度变化量为 16.04%,为最大减小幅度的 68.34%。

　　由图 6-20(b)可知,输电铁塔极限风速的减小幅度随着地表水平变形的增大而增大。当地表水平变形为 8.64 mm/m 时,极限风速的最大减小幅度为 12.52%。当地表水平变形为 0~5.18 mm/m 时,其减小幅度增长较缓,减小幅度变化量为 3.79%,仅为最大减小幅度的 30.27%;当地表水平变形为 5.18~8.64 mm/m 时,其减小幅度增长明显,减小幅度变化量为 8.73%,为最大减小幅度的 69.73%。

6.4.4　短向单支座水平压缩(SNYA)

　　图 6-21 为 SNYA 工况下地表变形与风荷载的加载方向示意图。输电铁塔在 SNYA 工况下的极限支座位移为 31 mm,支座位移加载值分别为 0 mm、6.2 mm、12.4 mm、

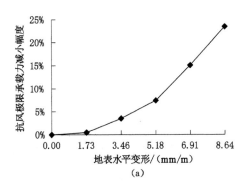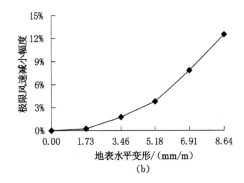

图 6-20 抗风极限承载力、极限风速的减小幅度与地表水平变形的关系曲线
(a) 抗风极限承载力减小幅度;(b) 极限风速减小幅度

18.6 mm、24.8 mm 和 31.0 mm。

图 6-22 为输电铁塔的抗风极限承载力和极限风速与支座位移的关系曲线。由图 6-22 可知,输电铁塔的抗风极限承载力和极限风速随着支座位移的增大而减小。当支座位移为极限支座位移值 31.0 mm 时,其抗风极限承载力为 21.69% 设计风荷载,为无地表变形时的 21.46%;此时极限风速为 13.97 m/s,为无地表变形时的 36.32%。

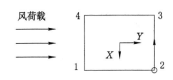

图 6-21 SNYA 工况加载简图

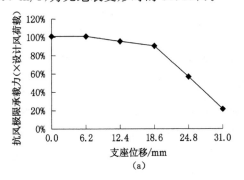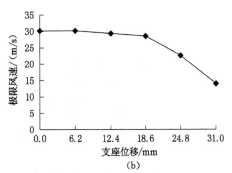

图 6-22 抗风极限承载力、极限风速与支座位移的关系曲线
(a) 抗风极限承载力;(b) 极限风速

图 6-23 为抗风极限承载力和极限风速与地表水平变形之间的关系曲线,它们之间的定量关系通过多项式回归分析得到。

图 6-24 为输电铁塔抗风极限承载力和极限风速的减小幅度与地表水平变形之间的关系曲线。

由图 6-24(a) 可知,输电铁塔抗风极限承载力的减小幅度随着地表水平变形的增大而增大。当地表水平变形为 9.92 mm/m 时,抗风极限承载力的最大减小幅度为 78.54%。当地表水平变形为 0~5.95 mm/m 时,其减小幅度增长较缓,减小幅度变化量为 10.40%,仅为最大减小幅度的 13.24%;当地表水平变形为 5.95~9.92 mm/m 时,其减小幅度增长明显,减小幅度变化量为 68.14%,为最大减小幅度的 86.76%。

由图 6-24(b) 可知,输电铁塔极限风速的减小幅度随着地表水平变形的增大而增大。

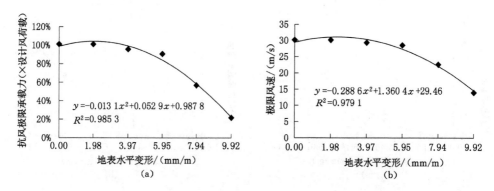

图 6-23　抗风极限承载力、极限风速与地表水平变形的关系曲线

(a) 抗风极限承载力；(b) 极限风速

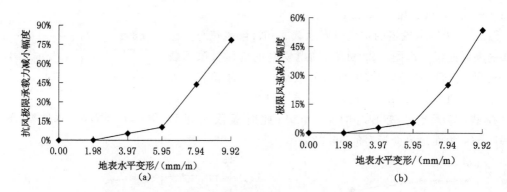

图 6-24　抗风极限承载力、极限风速的减小幅度与地表水平变形的关系曲线

(a) 抗风极限承载力减小幅度；(b) 极限风速减小幅度

当地表水平变形为 9.92 mm/m 时，极限风速的最大减小幅度为 53.68%。当地表水平变形为 0~5.95 mm/m 时，其减小幅度增长较缓，减小幅度变化量为 5.34%，仅为最大减小幅度的 9.95%；当地表水平变形为 5.92~9.92 mm/m 时，其减小幅度增长明显，减小幅度变化量为 48.34%，为最大减小幅度的 90.05%。

6.4.5　单独支座竖向下沉(SSHU)

图 6-25 为 SSHU 工况下地表变形与风荷载的加载方向示意图。输电铁塔在 SSHU 工况下的极限支座位移为 16 mm，支座位移加载值分别为 0 mm、3.2 mm、6.4 mm、9.6 mm、12.8 mm 和 16.0 mm。

图 6-26 为输电铁塔的抗风极限承载力和极限风速与支座位移的关系曲线。由图 6-26 可知，输电铁塔的抗风极限承

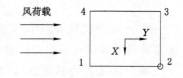

图 6-25　SSHU 工况加载简图

载力和极限风速随着支座位移的增大而减小。当支座位移为极限支座位移值 16.0 mm 时，其抗风极限承载力为 13.54% 的设计风荷载，为无地表变形时的 13.39%；此时极限风速为 11.04 m/s，为无地表变形时的 36.60%。

图 6-27 为抗风极限承载力和极限风速与地表曲率变形之间的关系曲线，它们之间的定量关系通过多项式回归分析得到。

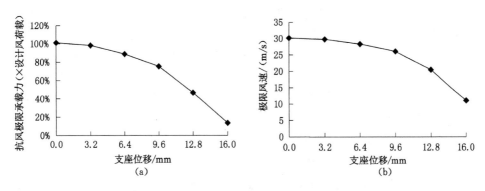

图 6-26 抗风极限承载力、极限风速与支座位移的关系曲线

(a) 抗风极限承载力；(b) 极限风速

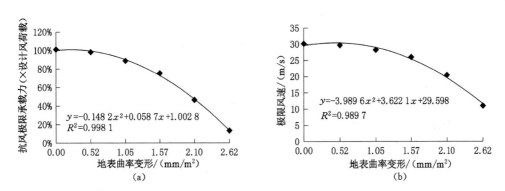

图 6-27 抗风极限承载力、极限风速与地表曲率变形的关系曲线

(a) 抗风极限承载力；(b) 极限风速

图 6-28 为输电铁塔抗风极限承载力和极限风速的减小幅度与地表曲率变形之间的关系曲线。

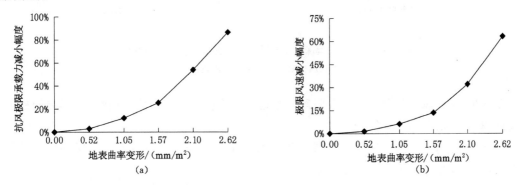

图 6-28 抗风极限承载力、极限风速的减小幅度与地表曲率变形的关系曲线

(a) 抗风极限承载力减小幅度；(b) 极限风速减小幅度

由图 6-28(a) 可知,输电铁塔抗风极限承载力的减小幅度随着地表曲率变形的增大而增大。当地表曲率变形为 2.62 mm/m² 时,抗风极限承载力的最大减小幅度为 88.44%。当地表曲率变形为 0~1.57 mm/m² 时,其减小幅度增长较缓,减小幅度变化量为 25.40%,仅为

最大减小幅度的 29.32%;当地表曲率变形为 1.57~2.62 mm/m 时,其减小幅度增长明显,减小幅度变化量为 61.21%,为最大减小幅度的 70.67%。

由图 6-28(b)可知,输电铁塔极限风速的减小幅度随着地表曲率变形的增大而增大。当地表曲率变形为 2.62 mm/m² 时,极限风速的最大减小幅度为 63.40%。当地表曲率变形为 0~1.57 mm/m² 时,其减小幅度增长较缓,减小幅度变化量为 13.63%,仅为最大减小幅度的 21.50%;当地表曲率变形为 1.57~2.62 mm/m² 时,其减小幅度增长明显,减小幅度变化量为 49.77%,为最大减小幅度的 78.50%。

6.4.6 长向双支座水平拉伸(DLLA)

图 6-29 为 DLLA 工况下地表变形与风荷载的加载方向示意图。输电铁塔在 DLLA 工况下的极限支座位移为 25 mm,支座位移加载值分别为 0 mm、5 mm、10 mm、15 mm、20 mm 和 25 mm。

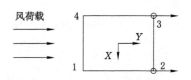

图 6-29 DLLA 工况加载简图

图 6-30 为输电铁塔的抗风极限承载力和极限风速与支座位移的关系曲线。由图 6-30 可知,输电铁塔的抗风极限承载力和极限风速随着支座位移的增大而减小。当支座位移为极限支座位移值 25 mm 时,其抗风极限承载力为 14.28% 设计风荷载,为无地表变形时的 14.12%;此时极限风速为 11.34 m/s,为无地表变形时的 37.60%。

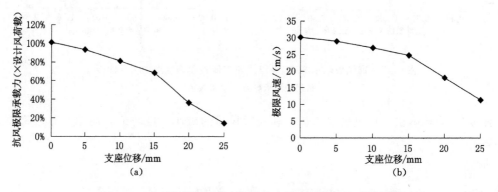

图 6-30 抗风极限承载力、极限风速与支座位移的关系曲线
(a) 抗风极限承载力;(b) 极限风速

图 6-31 为抗风极限承载力和极限风速与地表水平变形之间的关系曲线,它们之间的定量关系通过多项式回归分析得到。

图 6-32 为输电铁塔抗风极限承载力和极限风速的减小幅度与地表水平变形之间的关系曲线。

由图 6-32(a)可知,输电铁塔抗风极限承载力的减小幅度随着地表水平变形的增大而增大。当地表水平变形为 6.20 mm/m 时,抗风极限承载力的最大减小幅度为 85.87%。当地表水平变形为 0~3.72 mm/m 时,其减小幅度增长较缓,减小幅度变化量为 32.39%,仅为最大减小幅度的 37.72%;当地表水平变形为 3.72~6.20 mm/m 时,其减小幅度增长较快,减小幅度变化量为 53.48%,为最大减小幅度的 62.28%。

由图 6-32(b)可知,输电铁塔极限风速的减小幅度随着地表水平变形的增大而增大。

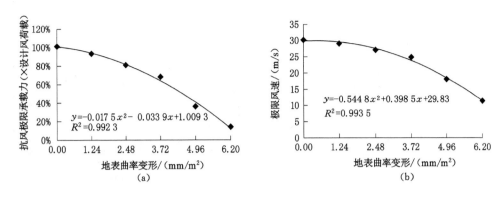

图 6-31 风极限承载力、极限风速与地表水平变形的关系曲线
(a) 抗风极限承载力;(b) 极限风速

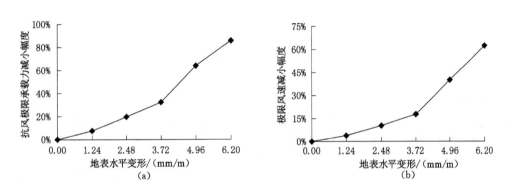

图 6-32 抗风极限承载力、极限风速的减小幅度与地表水平变形的关系曲线
(a) 抗风极限承载力减小幅度;(b) 极限风速减小幅度

当地表水平变形为 6.20 mm/m 时,极限风速的最大减小幅度为 62.42%。当地表水平变形为 0~3.72 mm/m 时,其减小幅度增长较缓,减小幅度变化量为 17.77%,仅为最大减小幅度的 28.47%;当地表水平变形为 3.72~6.20 mm/m 时,其减小幅度增长明显,减小幅度变化量为 44.65%,为最大减小幅度的 71.53%。

6.4.7 长向双支座水平压缩(DLYA)

图 6-33 为 DLYA 工况下地表变形与风荷载的加载方向示意图。输电铁塔在 DLYA 工况下的极限支座位移为 33 mm,支座位移加载值分别为 0 mm、6.6 mm、13.2 mm、19.8 mm、26.4 mm 和 33.0 mm。

图 6-34 为输电铁塔的抗风极限承载力和极限风速与支座位移的相关关系。由图 6-34 可知,输电铁塔的抗风极限承

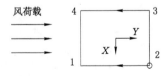

图 6-33 DLYA 工况加载简图

载力和极限风速随着支座位移的增大而减小。当支座位移为极限支座位移值 33 mm 时,其抗风极限承载力为 10.87% 设计风荷载,为无地表变形时的 10.75%;此时极限风速为 9.89 m/s,为无地表变形时的 32.79%。

图 6-35 为抗风极限承载力和极限风速与地表水平变形之间的关系曲线,它们之间的定量关系通过多项式回归分析得到。

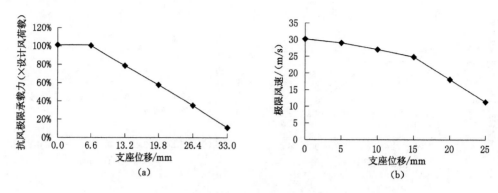

图 6-34　抗风极限承载力、极限风速与支座位移的关系曲线
(a) 抗风极限承载力;(b) 极限风速

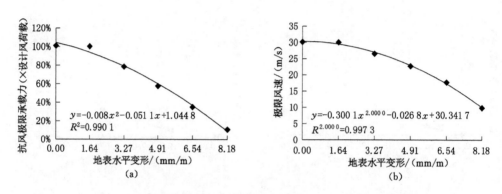

图 6-35　抗风极限承载力、极限风速与地表水平变形的关系曲线
(a) 抗风极限承载力;(b) 极限风速

　　图 6-36 为输电铁塔抗风极限承载力和极限风速的减小幅度与地表水平变形之间的关系曲线。

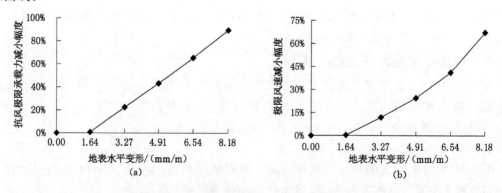

图 6-36　抗风极限承载力、极限风速的减小幅度与地表水平变形的关系曲线
(a) 抗风极限承载力减小幅度;(b) 极限风速减小幅度

　　由图 6-36(a)可知,输电铁塔抗风极限承载力的减小幅度随着地表水平变形的增大而增大。当地表水平变形为 8.18 mm/m 时,抗风极限承载力的最大减小幅度为 89.25%。当地表水平变形为 0~1.64 mm/m 时,抗风极限承载力变化很小,其减小幅度变化量仅为

0.68%；随后当地表水平变形为1.64～8.18 mm/m时，其减小幅度大致呈线性增长。

由图6-36(b)可知，输电铁塔极限风速的减小幅度随着地表水平变形的增大而增大。当地表水平变形为8.18 mm/m时，极限风速的最大减小幅度为67.21%。当地表水平变形为0～1.64 mm/m时，抗风极限承载力变化很小，其减小幅度变化量仅为0.34%；当地表水平变形为1.64～6.54 mm/m时，其减小幅度大致呈线性增长；当地表水平变形为6.54～8.18 mm/m时，其减小幅度增长速度最快。

6.4.8　短向双支座水平拉伸(DNLA)

图6-37为DNLA工况下地表变形与风荷载的加载方向示意图。输电铁塔在DNLA工况下的极限支座位移为26 mm，支座位移加载值分别为0 mm、5.2 mm、10.4 mm、15.6 mm、20.8 mm和26.0 mm。

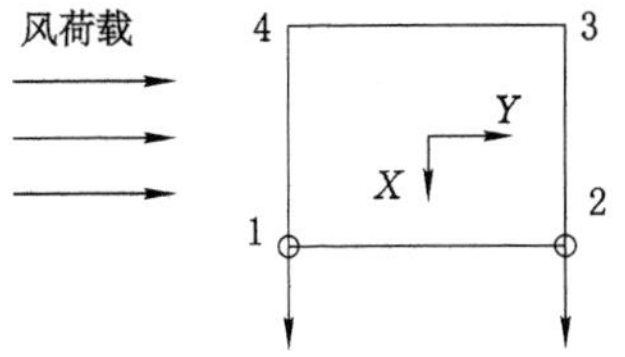

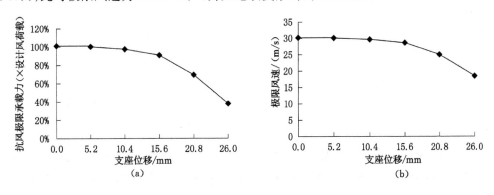

图6-37　DNLA工况加载简图

图6-38为输电铁塔的抗风极限承载力和极限风速与支座位移的关系曲线。由图6-38可知，输电铁塔的抗风极限承载力和极限风速随着支座位移的增大而减小。当支座位移为极限支座位移值26 mm时，其抗风极限承载力为37.89%设计风荷载，为无地表变形时的37.48%；此时极限风速为18.47 m/s，为无地表变形时的61.24%。

图6-38　抗风极限承载力、极限风速与支座位移的关系曲线

(a)抗风极限承载力；(b)极限风速

图6-39为抗风极限承载力和极限风速与地表水平变形之间的关系曲线，它们之间的定量关系通过多项式回归分析得到。

图6-40为输电铁塔抗风极限承载力和极限风速的减小幅度与地表水平变形之间的关系曲线。

由图6-40(a)可知，输电铁塔抗风极限承载力的减小幅度随着地表水平变形的增大而增大。当地表水平变形为8.32 mm/m时，抗风极限承载力的最大减小幅度为62.52%。当地表水平变形为0～3.33 mm/m时，其减小幅度增长较缓，减小幅度变化量为10.11%，仅为最大减小幅度的16.17%；当地表水平变形为3.33～8.32 mm/m时，其减小幅度增长较快，减小幅度变化量为52.41%，为最大减小幅度的83.83%。

由图6-40(b)可知，输电铁塔极限风速的减小幅度随着地表水平变形的增大而增大。当地表水平变形为8.32 mm/m时，极限风速的最大减小幅度为38.78%。当地表水平变形

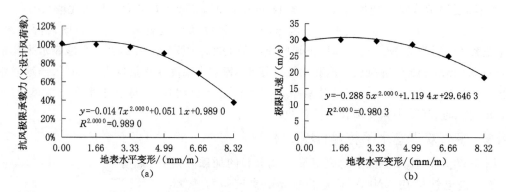

图 6-39　抗风极限承载力、极限风速与地表水平变形的关系曲线
(a) 抗风极限承载力；(b) 极限风速

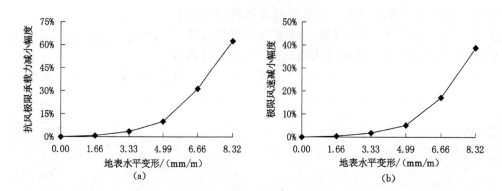

图 6-40　抗风极限承载力、极限风速的减小幅度与地表水平变形的关系曲线
(a) 抗风极限承载力减小幅度；(b) 极限风速减小幅度

为 0～3.33 mm/m 时,其减小幅度增长较缓,减小幅度变化量为 5.19%,仅为最大减小幅度的 13.38%;当地表水平变形为 3.33～8.32 mm/m 时,其减小幅度增长明显,减小幅度变化量为 33.59%,为最大减小幅度的 86.62%。

6.4.9　短向双支座水平压缩(DNYA)

图 6-41 为 DNYA 工况下地表变形与风荷载的加载方向示意图。输电铁塔在 DNYA 工况下的极限支座位移为 29.5 mm,支座位移加载值分别为 0 mm、5.9 mm、11.8 mm、17.7 mm、23.6 mm 和 29.5 mm。

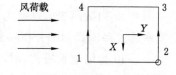

图 6-41　DNYA 工况加载简图

图 6-42 示出了输电铁塔的抗风极限承载力和极限风速与支座位移的关系曲线。由图 6-42 可知,输电铁塔的抗风极限承载力和极限风速随着支座位移的增大而减小。当支座位移为极限支座位移值 29.5 mm时,其抗风极限承载力为 3.69% 的设计风荷载,为无地表变形时的 31.35%;此时极限风速为 16.89 m/s,为无地表变形时的 56.00%。

图 6-43 为抗风极限承载力和极限风速与地表水平变形之间的关系曲线,它们之间的定量关系通过多项式回归分析得到。

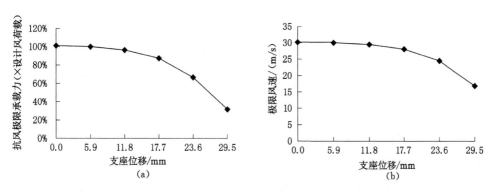

图 6-42 抗风极限承载力、极限风速与支座位移的关系曲线

(a) 抗风极限承载力；(b) 极限风速

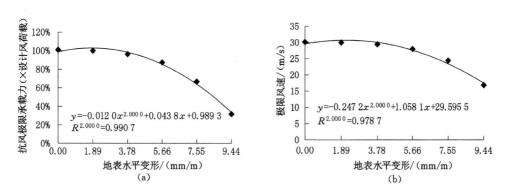

图 6-43 抗风极限承载力、极限风速与地表水平变形的关系曲线

(a) 抗风极限承载力；(b) 极限风速

图 6-44 为输电铁塔抗风极限承载力和极限风速的减小幅度与地表水平变形之间的关系曲线。

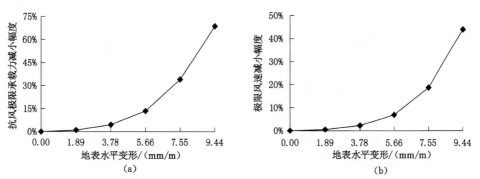

图 6-44 抗风极限承载力、极限风速的减小幅度与地表水平变形的关系曲线

(a) 抗风极限承载力减小幅度；(b) 极限风速减小幅度

由图 6-44(a)可知,输电铁塔抗风极限承载力的减小幅度随着地表水平变形的增大而增大。当地表水平变形为 9.44 mm/m 时,抗风极限承载力的最大减小幅度为 68.65%。当地表水平变形为 0~5.66 mm/m 时,其减小幅度增长较缓,减小幅度变化量为 13.47%,仅为

最大减小幅度的19.62%;当地表水平变形为5.66～9.44 mm/m时,其减小幅度增长较快,减小幅度变化量为55.18%,为最大减小幅度的80.38%。

由图6-44(b)可知,输电铁塔极限风速的减小幅度随着地表水平变形的增大而增大。当地表水平变形为9.44 mm/m时,极限风速的最大减小幅度为44.01%。当地表水平变形为0～5.66 mm/m时,其减小幅度增长较缓,减小幅度变化量为6.98%,仅为最大减小幅度的15.86%;当地表水平变形为5.66～9.44 mm/m时,其减小幅度增长明显,减小幅度变化量为37.03%,为最大减小幅度的84.14%。

6.4.10 长向双支座竖向下沉(DLSHU)

图6-45为DLSHU工况下地表变形与风荷载的加载方向示意图。输电铁塔在DLSHU工况下的极限支座位移为40.2 mm,支座位移加载值分别为0 mm、8.0 mm、16.1 mm、24.1 mm、32.2 mm和40.2 mm。

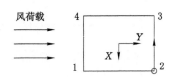

图6-45 DLSHU工况加载简图

图6-46为输电铁塔的抗风极限承载力和极限风速与支座位移的关系曲线。由图6-46可知,输电铁塔的抗风极限承载力和极限风速随着支座位移的增大而减小。当支座位移为极限支座位移值40.2 mm时,其抗风极限承载力和极限风速均为0。这主要是由于长向双支座竖向下沉工况下输电铁塔的抗风极限状态以塔顶位移超出《架空输电线路运行规程》(DLT 741—2010)的限值为判断准则。当地表变形为100%极限支座位移时,塔顶Y向位移恰好为规范规定的限值,在施加90°风荷载后,塔顶Y向位移立即超出规范限值。

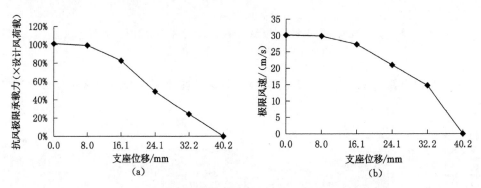

图6-46 抗风极限承载力、极限风速与支座位移的关系曲线
(a)抗风极限承载力;(b)极限风速

图6-47为抗风极限承载力和极限风速与地表倾斜变形之间的关系曲线,它们之间的定量关系通过多项式回归分析得到。

图6-48为输电铁塔抗风极限承载力和极限风速的减小幅度与地表倾斜变形之间的关系曲线。

由图6-48(a)可知,输电铁塔抗风极限承载力的减小幅度随着地表倾斜变形的增大而增大。当地表倾斜变形为9.96 mm/m时,抗风极限承载力的最大减小幅度为100%。当地表倾斜变形为0～3.99 mm/m时,其减小幅度增长较缓,减小幅度变化量为18.36%;当地表倾斜变形为3.99～9.96 mm/m时,其减小幅度增长较快,减小幅度变化量为81.64%。

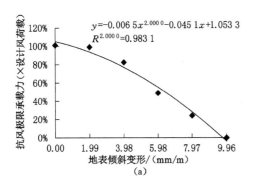

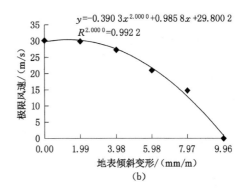

$$y=-0.006\,5x^{2.000\,0}-0.045\,1x+1.053\,3$$
$$R^{2.000\,0}=0.983\,1$$

$$y=-0.390\,3x^{2.000\,0}+0.985\,8x+29.800\,2$$
$$R^{2.000\,0}=0.992\,2$$

图 6-47　抗风极限承载力、极限风速与地表倾斜变形的关系曲线

（a）抗风极限承载力；（b）极限风速

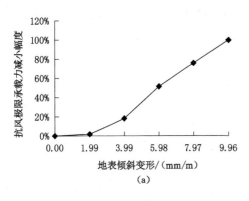

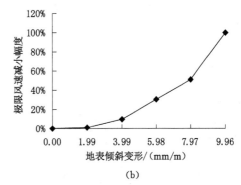

图 6-48　抗风极限承载力、极限风速的减小幅度与地表倾斜变形的关系曲线

（a）抗风极限承载力减小幅度；（b）极限风速减小幅度

由图 6-48(b)可知,输电铁塔极限风速的减小幅度随着地表倾斜变形的增大而增大。当地表倾斜变形为 9.96 mm/m 时,极限风速的最大减小幅度为 100%。当地表倾斜变形为 0~3.99 mm/m 时,其减小幅度增长较缓,减小幅度变化量为 9.65%;当地表倾斜变形为 3.99~9.96 mm/m 时,其减小幅度增长明显,减小幅度变化量为 90.35%。

6.4.11　短向双支座竖向下沉(DNSHU)

图 6-49 为 DNSHU 工况下地表变形与风荷载的加载方向示意图。输电铁塔在 DNSHU 工况下的极限支座位移为 31 mm,支座位移加载值分别为 0 mm、6.2 mm、12.4 mm、18.6 mm、24.8 mm 和 31.0 mm。

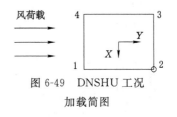

图 6-49　DNSHU 工况加载简图

图 6-50 为输电铁塔的抗风极限承载力和极限风速与支座位移的关系曲线。由图 6-50 可知,输电铁塔的抗风极限承载力和极限风速随着支座位移的增大而减小。当支座位移为极限支座位移值 31.0 mm 时,其抗风极限承载力和极限风速均为 0。这主要是由于当地表变形为 100%极限支座位移时,塔顶 X 向位移恰好为规范规定的限值,在施加 90°风荷载后,塔顶 Y 向产生位移,塔顶控制控制点总位移立即超出规范限值。

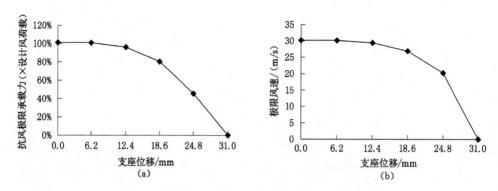

图 6-50　抗风极限承载力、极限风速与支座位移的关系曲线
(a) 抗风极限承载力；(b) 极限风速

图 6-51 为抗风极限承载力和极限风速与地表倾斜变形之间的关系曲线，它们之间的定量关系通过多项式回归分析得到。

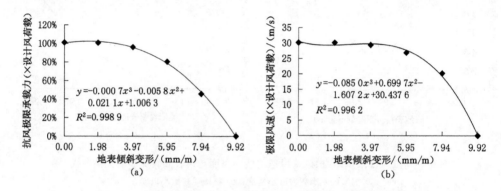

图 6-51　抗风极限承载力、极限风速与地表倾斜变形的关系曲线
(a) 抗风极限承载力；(b) 极限风速

图 6-52 为输电铁塔抗风极限承载力和极限风速的减小幅度与地表倾斜变形之间的关系曲线。

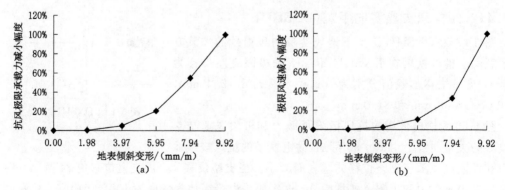

图 6-52　抗风极限承载力、极限风速的减小幅度与地表倾斜变形的关系曲线
(a) 抗风极限承载力减小幅度；(b) 极限风速减小幅度

由图6-52(a)可知,输电铁塔抗风极限承载力的减小幅度随着地表倾斜变形的增大而增大。当地表倾斜变形为9.92 mm/m时,抗风极限承载力的最大减小幅度为100%。当地表倾斜变形为0～3.97 mm/m时,抗风极限承载力基本没有发生变化,减小幅度变化量仅为4.99%;当地表倾斜变形为3.97～9.92 mm/m时,其减小幅度增长速度逐渐加快,减小幅度变化量为95.01%。

由图6-52(b)可知,输电铁塔极限风速的减小幅度随着地表倾斜变形的增大而增大。当地表倾斜变形为9.96 mm/m时,极限风速的最大减小幅度为100%。当地表倾斜变形为0～3.99 mm/m时,极限风速基本没有发生变化,减小幅度变化量仅为2.52%;当地表倾斜变形为3.97～9.92 mm/m时,其减小幅度增长速度逐渐加快,减小幅度变化量为97.48%。

6.4.12 各地表变形工况对输电铁塔抗风性能的影响对比

图6-53为地表变形值为100%的极限支座位移时,各地表变形工况下输电铁塔能承受的抗风极限承载力。由图6-53可知,地表变形值为100%极限支座位移时,双支座竖向下沉工况(DLSHU和DNSHU工况)下输电铁塔的抗风极限承载力为0,其他工况均不为0,这主要是由于输电铁塔在双支座竖向下沉工况下以铁塔倾斜度超过《架空输电线路运行规程》(DLT 741—2010)规定的最大允许值作为结构抗风的极限状态,其他工况均以交叉斜材的受压杆件失稳破坏作为结构抗风的极限状态。当地表变形值为100%极限支座位移时,虽然输电铁塔在双支座竖向下沉工况下的抗风极限承载力为0,但此时输电铁塔仅发生了超过规程规定的倾斜限值,结构杆件并没有发生失稳破坏,因此实际中输电铁塔仍有一定的抗风极限承载力。

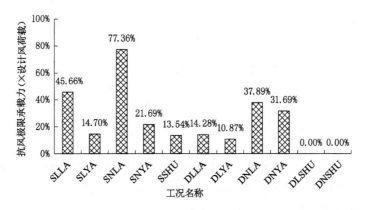

图6-53 不同地表变形工况下抗风极限承载力对比(100%极限支座位移)

对比分析图6-53中的长向和短向水平变形工况可知,输电铁塔抗风极限承载力的大小关系为:SLLA工况<SNLA工况,SLYA工况<SNYA工况,DLLA工况<DNLA工况,DLYA工况<DNYA工况。由此可得,当地表水平变形方向与风荷载方向相同时,地表变形对输电铁塔抗风性能的不利影响较大;当地表水平变形方向与风荷载方向垂直时,地表变形对输电铁塔抗风性能的不利影响相对较小。这主要是由于,当地表水平变形与风荷载方向相同时,地表水平变形和风荷载作用对铁塔杆件受力影响较大的塔面相同,两者作用效应相互叠加,导致输电铁塔的抗风极限承载力衰减较大。

　　对比分析图 6-53 中的拉伸和压缩工况可知,输电铁塔抗风极限承载力的大小关系为: SLYA 工况＜SLLA 工况,SNYA 工况＜SNLA 工况,DLYA 工况＜DLLA 工况,DNYA 工况＜DNLA 工况。由此可得,地表水平压缩变形对输电铁塔抗风性能的不利影响大于地表水平拉伸变形。这主要是由于,地表水平拉伸变形工况下的初始压应力最大的交叉斜材为第一交叉斜材,地表水平压缩变形工况下的初始压应力最大的交叉斜材为第二交叉斜材,输电铁塔在风荷载作用下的受压失稳破坏杆件主要集中在塔身中间位置,第二交叉斜材更靠近塔身中间位置,更容易导致输电铁塔第二交叉斜材在风荷载作用下率先发生受压失稳破坏。

　　图 6-54 为地表变形值为 60％极限支座位移时,各地表变形工况下输电铁塔能承受的抗风极限承载力。对比图 6-54 中的长向和短向水平变形工况可知,地表变形值为 60％的极限支座位移时,输电铁塔抗风极限承载力的大小关系为:SLLA 工况＜SNLA 工况,SLYA 工况＜SNYA 工况,DLLA 工况＜DNLA 工况,DLYA 工况＜DNYA 工况,DLSHU 工况＜DNSHU 工况。

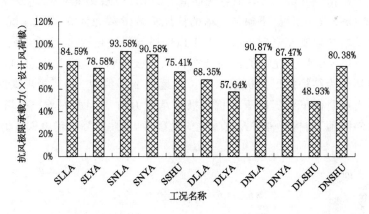

图 6-54　不同地表变形工况下抗风极限承载力对比(60％极限支座位移)

　　对比分析图 6-54 中的拉伸和压缩工况可知,输电铁塔抗风极限承载力的大小关系为: SLYA 工况＜SLLA 工况,SNYA 工况＜SNLA 工况,DLYA 工况＜DLLA 工况,DNYA 工况＜DNLA 工况。

　　综上所述可得,当地表变形方向与风荷载方向相同时,地表变形对输电铁塔抗风性能的不利影响大于地表变形方向与风荷载方向垂直时的不利影响;地表水平压缩变形对输电铁塔抗风性能的不利影响大于地表水平拉伸变形。

6.5　采动区输电铁塔抗风极限承载力和极限风速预计模型

6.5.1　抗风极限承载力预计模型

　　根据 6.4.1 至 6.4.11 中输电铁塔抗风极限承载力与地表变形值之间的定量关系,可以得出采动区输电铁塔在各种地表变形影响下其抗风极限承载力的预计模型,见表 6-2。

表 6-2 输电铁塔抗风极限承载力预计模型

地表变形工况	预计模型	R^2
SLLA	$F_{wu} = (-0.015\ 7d_h^2 + 0.012\ 0d_h + 0.998\ 0) \cdot F_{w0}$ $\quad (0 \leqslant d_h \leqslant 6.20)$	0.993 3
SLYA	$F_{wu} = (-0.039\ 8d_h^2 + 0.014\ 3d_h + 1.006\ 6) \cdot F_{w0}$ $\quad (0 \leqslant d_h \leqslant 4.83)$	0.982 8
SNLA	$F_{wu} = (-0.003\ 5d_h^2 + 0.002\ 7d_h + 1.011\ 0) \cdot F_{w0}$ $\quad (0 \leqslant d_h \leqslant 8.64)$	0.998 9
SNYA	$F_{wu} = (-0.013\ 1d_h^2 + 0.052\ 9d_h + 0.987\ 8) \cdot F_{w0}$ $\quad (0 \leqslant d_h \leqslant 9.92)$	0.985 3
SSHU	$F_{wu} = (-0.148\ 2d_c^2 + 0.058\ 7d_c + 1.002\ 8) \cdot F_{w0}$ $\quad (0 \leqslant d_c \leqslant 2.62)$	0.998 1
DLLA	$F_{wu} = (-0.017\ 5d_h^2 - 0.033\ 9d_h + 1.009\ 3) \cdot F_{w0}$ $\quad (0 \leqslant d_h \leqslant 6.20)$	0.992 3
DLYA	$F_{wu} = (-0.008\ 0d_h^2 - 0.051\ 1d_h + 1.044\ 8) \cdot F_{w0}$ $\quad (0 \leqslant d_h \leqslant 8.18)$	0.990 1
DNLA	$F_{wu} = (-0.014\ 7d_h^2 + 0.051\ 1d_h + 0.989\ 0) \cdot F_{w0}$ $\quad (0 \leqslant d_h \leqslant 8.32)$	0.989 0
DNYA	$F_{wu} = (-0.012\ 0d_h^2 + 0.043\ 8d_h + 0.989\ 3) \cdot F_{w0}$ $\quad (0 \leqslant d_h \leqslant 9.44)$	0.990 7
DLSHU	$F_{wu} = (-0.006\ 5d_s^2 - 0.045\ 1d_s + 1.053\ 3) \cdot F_{w0}$ $\quad (0 \leqslant d_s \leqslant 9.96)$	0.983 1
DNSHU	$F_{wu} = (-0.000\ 7d_s^3 - 0.005\ 8d_s^2 + 0.021\ 1d_s + 1.006\ 3) \cdot F_{w0}$ $\quad (0 \leqslant d_s \leqslant 9.92)$	0.998 9

注:F_{wu} 代表抗风极限承载力,N;F_{w0} 代表设计风荷载,即输电铁塔在风速为 30 m/s 时承受的风荷载,N;d_h 代表地表水平变形,mm/m;d_c 代表地表曲率变形,mm/m²;d_s 代表地表倾斜变形,mm/m。

6.5.2 极限风速预计模型

根据 6.4.1 至 6.4.11 中输电铁塔极限风速与地表变形值之间的定量关系,可以得出采动区输电铁塔在各种地表变形影响下其极限风速的预计模型,见表 6-3。

表 6-3 输电铁塔极限风速预计模型

地表变形工况	预计模型	R^2
SLLA	$V_{wu} = -0.316\ 5d_h^2 + 0.464\ 9d_h + 29.862\ 0$ $\quad (0 \leqslant d_h \leqslant 6.20)$	0.988 5
SLYA	$V_{wu} = -1.085\ 1d_h^2 + 1.575\ 5d_h + 29.698\ 0$ $\quad (0 \leqslant d_h \leqslant 4.83)$	0.981 7
SNLA	$V_{wu} = -0.058\ 2d_h^2 + 0.067\ 1d_h + 30.152\ 0$ $\quad (0 \leqslant d_h \leqslant 8.64)$	0.998 9
SNYA	$V_{wu} = -0.288\ 6d_h^2 + 1.360\ 4d_h + 29.460\ 0$ $\quad (0 \leqslant d_h \leqslant 9.92)$	0.979 1
SSHU	$V_{wu} = -3.989\ 6d_c^2 + 3.622\ 1d_c + 29.598\ 0$ $\quad (0 \leqslant d_c \leqslant 2.62)$	0.989 7
DLLA	$V_{wu} = -0.544\ 8d_h^2 + 0.398\ 5d_h + 29.830\ 0$ $\quad (0 \leqslant d_h \leqslant 6.20)$	0.993 5
DLYA	$V_{wu} = -0.300\ 1d_h^2 - 0.026\ 8d_h + 30.341\ 7$ $\quad (0 \leqslant d_h \leqslant 8.18)$	0.997 3
DNLA	$V_{wu} = -0.288\ 5d_h^2 + 1.119\ 4d_h + 29.646\ 3$ $\quad (0 \leqslant d_h \leqslant 8.32)$	0.980 3
DNYA	$V_{wu} = -0.247\ 2d_h^2 + 1.058\ 1d_h + 29.595\ 5$ $\quad (0 \leqslant d_h \leqslant 9.44)$	0.978 7
DLSHU	$V_{wu} = -0.390\ 3d_s^2 + 0.985\ 8d_s + 29.800\ 2$ $\quad (0 \leqslant d_s \leqslant 9.96)$	0.992 2
DNSHU	$V_{wu} = -0.085\ 0d_s^3 + 0.699\ 7d_s^2 + 1.607\ 2d_s + 30.437\ 6$ $\quad (0 \leqslant d_s \leqslant 9.92)$	0.996 2

注:表中 V_{wu} 代表极限风速,m/s;其他符号含义与表 6-2 相同。

由表 6-2 和表 6-3 可知,输电铁塔抗风极限承载力和极限风速预计模型的拟合度 R^2 均大于 0.97,说明预计模型具有较高的可靠性。

通过采动区输电铁塔抗风极限承载力和极限风速预计模型,可以根据预计或实测得到的地表变形值直接计算输电铁塔的抗风极限承载力和极限风速,从而判段采动区输电铁塔在风荷载作用下的安全性。

6.6 本章小结

（1）输电铁塔在未承受地表变形时，可承受 101.19％设计风荷载（折算成风速约为 30.16 m/s），最终破坏形态除整体产生较大的倾斜外，铁塔变形较大的杆件出现在塔身中间部位，破坏杆件为第五交叉斜材的沿风向斜向下杆件。

（2）由于地表变形对输电铁塔产生的初始应力的影响，输电铁塔在承受一定的地表变形后施加风荷载，其受力、变形和抗风性能均发生变化。

（3）当初始地表变形工况为双支座竖向下沉工况（DLSHU 和 DNSHU）时，输电铁塔以铁塔倾斜度超《架空输电线路运行规程》（DLT 741—2010）规定的最大允许值作为结构抗风的极限状态，其他工况均以交叉斜材的受压杆件失稳破坏作为结构抗风的极限状态。

（4）输电铁塔的抗风极限承载力和极限风速随着地表变形值的增大而减小，且地表变形值越大，抗风极限承载力和极限风速减小幅度变化越明显。

（5）当地表变形方向与风荷载方向相同时，地表变形对输电铁塔抗风性能的不利影响大于地表变形方向与风荷载方向垂直时的不利影响。例如，当地表水平变形为 60％的极限支座位移时，DLLA 工况下抗风极限承载力减小幅度为 32.39％，极限风速减小幅度为 17.77％，而 DNLA 工况下抗风极限承载力减小幅度为 9.52％，极限风速减小幅度为 4.88％，前者减小幅度明显大于后者。

（6）地表水平压缩变形对输电铁塔抗风性能的不利影响大于地表水平拉伸变形。例如，当地表水平变形为 60％的极限支座位移时，DLYA 工况下抗风极限承载力减小幅度为 42.98％，极限风速减小幅度为 24.49％，而 DNLA 工况下抗风极限承载力减小幅度为 32.39％，极限风速减小幅度为 17.77％，前者减小幅度明显大于后者。

（7）根据有限元计算结果进行多项式回归分析得到的输电铁塔抗风极限承载力、极限风速预计模型，预计模型的拟合度 R^2 均大于 0.97，说明预计模型具有较高的可靠性，可为采动影响区输电铁塔在风荷载作用下的安全性评价提供参考。

7　结论与展望

7.1　主要结论

本书以 110 kV 典型 1B-ZM3 输电铁塔为研究对象,通过物理模型试验和 ANSYS 有限元模拟研究了地表变形对输电铁塔内力和变形的影响规律以及风荷载对输电铁塔抗地表变形性能的影响规律,验证了有限元模拟的可靠性。采用 ANSYS 有限元模拟方法,研究了独立基础和复合防护板基础的抗地表变形性能,分析了复合防护板基础的防护板厚度对上部铁塔结构受力和变形的影响规律,研究了地表变形对输电铁塔抗风性能的影响规律,提出了采动区输电铁塔抗风极限承载力的预计模型。

7.1.1　铁塔支座位移加载模型试验研究

(1) 铁塔在双支座水平拉伸工况下的主要破坏形式为沿支座位移加载方向的第一交叉斜材受压失稳破坏,在双支座水平压缩工况下的主要破坏形式为塔腿横隔上方半斜材受压失稳破坏,其破坏符合杠杆原理。

(2) 主斜材杆件越靠近铁塔底部,由地表变形产生的杆件附加应力越大,其受力对地表变形越敏感,说明靠近铁塔底部的主斜材对抵抗水平地表变形具有重要作用。

(3) 铁塔在风荷载作用下,交叉斜材沿风向斜向下杆件受压,斜向上杆件受拉,风荷载越大,杆件在风荷载作用下产生的初始应力越大,并且在支座位移加载过程中,第一交叉斜材沿风向斜向下杆件的压应力始终大于斜向上杆件的压应力。

(4) 随着风荷载的增大,输电铁塔的极限支座位移值减小,破坏杆件 F11 的最大应力值增大。与风速为 0 m/s 的荷载工况相比,风速为 30 m/s 时的极限支座位移试验值和有限元计算值分别减小了 18.91% 和 7.69%,破坏杆件 F11 的最大应力试验值和有限元计算值分别增大了 7.87% 和 19.38%。可见,风荷载对输电铁塔的抗地表变形性能具有不利影响,且风荷载越大越不利。

(5) 模型试验和有限元分析得到铁塔杆件变形和受力的整体变化趋势基本相近,并且两者最终的铁塔破坏形式吻合较好,说明数值模拟能够有效分析铁塔结构在地表变形中的杆件变形和受力变化情况,并能有效预测输电铁塔的极限支座位移和破坏形式。

(6) 有限元计算得到的最大位移值小于铁塔实际能够承受的地表变形值,可见数值模拟得到的结果偏安全。

7.1.2　输电铁塔抗地表变形性能的有限元模拟研究

(1) 输电铁塔在地表变形作用下的破坏杆件主要集中在最底部塔腿横隔附近,且发生屈服和失稳破坏的杆件也以塔腿斜材和交叉斜材为主,主材未发现全截面屈服和失稳破坏现象。

（2）输电铁塔在双支座竖向下沉工况（DLSHU 和 DNSHU）下以铁塔倾斜度超《架空输电线路运行规程》（DLT 741—2010）规定的最大允许值作为结构的极限状态，其他工况均以斜材的失稳破坏作为结构的极限状态。

（3）若将极限支座位移值作为评价铁塔抗地表变形性能的指标，除单支座长向水平位移工况（SLLA 和 SLYA）外，输电铁塔抗压缩变形的能力均高于抗拉伸变形的能力。

（4）若将极限支座位移与相应根开的比值作为评价铁塔抗水平地表变形性能的指标，则输电铁塔抗短向水平地表变形性能优于抗长向水平地表变形性能。只要实际水平地表变形值分别小于相应根开的 0.48%（长向水平变形工况）和 0.83%（短向水平变形工况），即认为铁塔是安全可靠的。

（5）在复合地表变形工况下，支座水平相对位移是导致铁塔失稳破坏的决定性因素，其他荷载的影响较小；铁塔抵抗压缩变形的能力大于其抵抗拉伸工况的能力；只要支座的水平拉伸位移小于根开 0.60%，而水平压缩位移小于相应根开 0.82%，即可判断铁塔是安全可靠的。

7.1.3 输电铁塔基础抗地表变形性能的有限元模拟研究

（1）以输电铁塔—基础—地基整体模型为研究对象，输电铁塔在水平拉伸和正曲率工况下根开变大，塔腿横隔材的中间节点处应力最大；在水平压缩和负曲率工况下根开减小，第一交叉斜材和主材连接的下节点处应力最大。基础在水平变形作用下基本未发生倾斜，在曲率变形作用下产生了轻微的倾斜变形，且独立基础的倾斜变形明显大于复合防护板基础。

（2）在地表变形作用时，上部铁塔结构支座主要产生沿地表变形方向的位移和竖向位移，垂直地表水平变形作用方向的位移值较小，可忽略其影响。在负曲率变形工况下，铁塔基础位置的竖向位移达到 313 mm，远大于水平位移，容易导致线路对地安全距离不满足，因此输电线路通过采动区时垂直安全距离需要留有一定的富余度。

（3）在曲率变形作用下，负曲率变形比正曲率变形引起的铁塔结构支座位移和结构应力更大，因此负曲率比正曲率更为不利；在地表水平变形作用时，拉伸变形比压缩变形引起的铁塔结构支座位移和结构应力更大，同时其引起的结果整体下沉值也不可忽视，因此拉伸工况比压缩工况更不利。

（4）复合防护板基础相对于独立基础，对上部铁塔结构具有更好的保护作用，主要体现在复合防护板基础可以有效减小上部铁塔结构杆件应力和支座沿地表变形方向的水平位移，改善铁塔支座的竖向不均匀沉降。相比而言，在负曲率和水平压缩变形工况下，复合防护板基础对上部铁塔结构的保护作用要优于正曲率和水平压缩工况。但是，复合防护板基础对于减小铁塔整体竖向位移的效果不明显，必须采取有效措施来减小整体竖向下沉的影响。

（5）复合防护板基础对上部铁塔结构的保护作用随着板厚的增大而增大。但当厚度增大到某一定值后其作用增幅趋缓，因此不宜单纯依靠增大复合防护板厚度来提高基础的抗变形能力。就本书研究的 1B-ZM3 输电铁塔而言，复合防护板的合理厚度取值应为 200～300 mm，为铁塔长向根开的 1/20～1/10，此时可兼顾保护效果和经济性。

7.1.4 采动区输电铁塔抗风性能的有限元模拟研究

(1) 输电铁塔在未承受地表变形时,可承受101.19％的设计风荷载,最终破坏形态除整体产生较大的倾斜外,铁塔变形较大的杆件出现在塔身中间部位,破坏杆件为第五交叉斜材的沿风向斜向下杆件。

(2) 当初始地表变形工况为双支座竖向下沉工况(DLSHU 和 DNSHU)时,输电铁塔以铁塔倾斜度超《架空输电线路运行规程》(DLT 741—2010)规定的最大允许值作为结构抗风的极限状态,其他工况均以交叉斜材的受压杆件失稳破坏作为结构抗风的极限状态。

(3) 输电铁塔的抗风极限承载力和极限风速随着地表变形值的增大而减小,且地表变形值越大,抗风极限承载力和极限风速减小幅度变化越明显。

(4) 当地表变形方向与风荷载方向相同时,地表变形对输电铁塔抗风性能的不利影响大于地表变形方向与风荷载方向垂直时的不利影响;地表水平压缩变形对输电铁塔抗风性能的不利影响大于地表水平拉伸变形。

(5) 根据有限元计算结果得到的输电铁塔抗风极限承载力、极限风速预计模型,预计模型的拟合度 R^2 均大于 0.97,说明预计模型具有较高的可靠性,可为采动影响区输电铁塔在风荷载作用下的安全性评价提供参考。

7.2 展望

本书对采动区输电铁塔的抗地表变形和抗风性能进行了一些研究,但由于时间和水平有限,在研究方法和结论方面仍存在一定的局限性,今后可在以下方面作进一步的研究:

(1) 本书对铁塔结构进行建模时对螺栓连接节点进行了简化,未考虑螺栓节点滑移,应进一步研究节点简化和节点滑移等因素对模型计算结果的影响,实现输电铁塔的精细化建模,揭示采动影响下输电铁塔失稳破坏机制。

(2) 本书进行整体有限元建模时考虑了铁塔、基础和地基的协同作用,但未考虑导线的影响,应进一步研究导线、铁塔、基础和地基协同变形机理,建立四者协同作用的理论模型。

(3) 本书将铁塔破坏时的极限支座位移作为采动区输电铁塔安全性评价的指标,应进一步研究采动影响下输电铁塔以及线路的安全评价指标,建立更加完善的输电线路安全性评价体系。

(4) 本书对采动影响下输电铁塔的抗风性能进行了初步探讨,进行了输电铁塔在风荷载作用下的静力分析,应进一步研究采动区输电铁塔和塔—线耦连体系在风荷载作用下的动力特性,建立更加完善的采动区输电铁塔抗风安全性评价体系。

(5) 本书通过数值模拟和模型试验得到的结果吻合程度较好,但缺乏工程实践的验证,应加强工程实践中的现场监测,验证已有研究成果的可靠性。

参 考 文 献

[1] 中华人民共和国国家统计局.中国统计年鉴[M].北京:中国统计出版社,2013.

[2] 吕伟业.中国电力工业发展及产业结构调整[J].中国电力,2002,35(1):1-7.

[3] 赵海林,孟庆民.乌海地区采空区铁塔基础加固技术比较[J].内蒙古电力技术,2006,24(2):53-54.

[4] 秦庆芝,曹玉杰,毛彤宇,等.特高压输电线路煤矿采动影响区铁塔基础设计研究[J].电力建设,2009,30(2):18-21.

[5] 白护航,李波,詹源等.750 kV 输电线路通过矿区的设计方案及措施[J].陕西电力,2011(9):36-38.

[6] 成枢,姜永阐,刁建鹏.地下开采引起的高压线杆倾斜的定量研究[J].矿山测量,2003(1):52-54.

[7] 杨建华,唐锡彬,赵健,等.采空区对输电线路塔基影响的安全评价及应急处理[J].辽宁工程技术大学学报,2012,31(4):456-460.

[8] 张联军,王宇伟.高压输电铁塔下采煤技术研究[J].河北煤炭,2002(4):12-13.

[9] 张勇.输电线路风灾防御的现状与对策[J].华东电力,2006,34(3):28-31.

[10] BATTISTA R C,RODRIGUES R S,PFEIL M S. Dynamic behavior and stability of transmission line towers under wind forces[J]. Journal of Wind Engineering and Industrial Aerodynamics,2003,91(8):1051-1067.

[11] YASUI H,MARUKAWA H,MOMMURA Y,et al. Analytical study on wind-induced vibration of power transmission towers[J]. Journal of Wind Engineering and Industrial Aerodynamics,1999,83(1/3):431-441.

[12] SAVORY E,PARKE G,ZEINODDINI M,et al. Modelling of tornado and microburst-induced wind loading and failure of a lattice transmission tower[J]. Engineering Structures,2001,23(4):365-375.

[13] 王肇民,PEI L U.塔桅结构[M].上海:同济大学出版社,1989.

[14] MATSUO S,TANABE S,HONGO E. The united design method of a transmission tower and the foundations[C]. Proceedings of the IEEE Power Engineering Society Transmission and Distribution Conference,ASIA PACIFIC,2002(3):2166-2171.

[15] ALBERMANI F G A, KITIPORNCHAI S. Numerical simulation of structural behaviour of transmission towers[J]. Thin-Walled Structures,2003,41(2):167-177.

[16] J G S DA, SILVAA P C G DA S, VELLASCOBS A L de Andradeb,et al. Structural assessment of current steel design models for transmission and telecommunication towers[J].Journal of Constructional Steel Research,2005,61(8):1108-1134.

［17］ LEE P S,MCCLURE G. Elastoplastic large doformation analysis of a lattice tower structure and comparison with full-scal tests[J]. International Journal of Constructional Steel Research,2007,63(5):709-717.

［18］ ALBERMANI F,KITIPORNCHAI S,CHAN R W K. Failure analysis of transmission towers[J]. Engineering Failure Analysis,2009,6(16):1922-1928.

［19］ ALBERMANI F,KITIPORNCHAI S. Elasto-plastic large doformation analysis of thin-walled structures[J]. Engineering Structure,1990,12(1):28-36.

［20］ KITIPORNEHAI S,AL-BERMANI F G A. Full Scale Testing of Transmission and Telecommunication Towers Using Numerical Simulation Techniques[J]. Advanees in Steel Struetures,Pergamon,1996:43-53.

［21］ AL-BERMANI FGA,KITIPORNCHAI S. Nonlinear finite element analysis of latticed transmission towers[J]. Engineering Structures,1993,15(4):259-269.

［22］ 郭绍宗.国内外输电线铁塔的发展及展望[J].特种结构,1998,15(3):43-46.

［23］ 赵滇生.输电塔架结构的理论分析与受力性能研究[D].杭州:浙江大学,2003.

［24］ 赵滇生,金三爱.有限元模型对输电塔架结构动力特性分析的影响[J].特种结构,2004,21(3):8-11.

［25］ 杨万里,鲍务均,龙小乐.输电杆塔结构的非线性有限元设计分析[J].湖北电力,1999,23(1):25-27.

［26］ 赵静.超高压输电塔架结构控制内力分析[D].重庆:重庆大学,2007.

［27］ 陈建稳,袁广林,刘涛,等.数值模型对输电铁塔内力和变形的影响分析[J].山东大学科技学报,2009,28(1):40-45.

［28］ 李春祥,李锦华,于志强.输电塔线体系抗风设计理论与发展[J].振动与冲击,2009,28(10):15-25.

［29］ 邹启才.大跨度高压输电线塔体系风振研究与进展[J].山西建筑,2009,35(32):83-84.

［30］ BATTISTA R C,RODRIGUES R S,PFEIL M S. Dynamic behavior and stability of transmission line towers under wind forces[J]. Journal of Wind Engineering and Industrial Aerodynamics,2003(91):1051-1067.

［31］ 安旭文,王昊深,侯建国.国内外输电线路设计规范风荷载取值标准的比较[J].武汉大学学报,2011,44(6):740-743.

［32］ 何平,周华敏,李鹏云.风载作用下输电铁塔的动力响应[J].广东电力,2011,24(6):38-41.

［33］ 秦力,黄鹏,肖茂祥.输电塔抗风动力可靠性分析[J].水电能源科学,2011,29(3):166-168.

［34］ 王锦文,瞿伟廉.强风作用下高耸钢结构输电塔的破坏特征研究[J].特种结构,2013,30(1):34-39.

［35］ 汪大海,李杰,谢强.大跨越输电线路风振动张力模型[J].中国电机工程学报,2009,29(28):122-128.

［36］ 谢强,严承涌,张勇.覆冰特高压导线风致动张力试验与分析[J].高电压技术,2010,36

(8):1865-1870.

[37] 熊铁华,梁枢果,邹良浩.风荷载下输电铁塔的失效模式及其极限荷载[J].工程力学,2009,26(12):100-104.

[38] YASUI H, et al. Analytical study on wind-induced vibration of power transmission towers[J]. Journal of Wind Engineering and Industrial Aerodynamics,1999,83(2):431-441.

[39] MOMOMURA Y,MARUKAWA H,OKAMURA T,et al. Full-scale measurements of wind-induced vibration of a transmission line system in a mountainous area[J]. Journal of Wind Engineering and Industrial Aerodynamics,1997(72):241-252.

[40] OKAMURA T,OHKUMA T,HONGO E,et al. Wind response analysis of a transmission tower in a mountainous area[J]. Journal of Wind Engineering and Industrial Aerodynamics,2003(91):241-252.

[41] 肖琦,李卓,郭校龙.沿海地区输电铁塔抗风加固研究[J].工程力学,2013,35(2):100-102.

[42] 肖琦,王永杰,肖茂祥,等.横隔面在高压输电塔抗风设计中的作用分析[J].东北电力大学学报,2011,31(5/6):32-36.

[43] 谢强,阎启,李杰.横隔面在高压输电塔抗风设计中的作用分析[J].高电压技术,2006,32(4):1-4.

[44] 谢强,丁兆东,赵桂峰,等.不同横隔面配置方式的输电塔抗风动力响应分析[J].高电压技术,2009,35(3):683-688.

[45] 冯炳,潘峰,叶尹.基于显示积分法的大跨越输电高塔风致振动响应研究[J].科技通报,2010,26(4):569-675.

[46] PRASAD RAO N, SAMUEL KNIGHT G M, MOHAN S J,et al. Studies on failure of transmission line towers in testing[J]. Engineering Structures,2012(35):55-70.

[47] PRASAD RAO N, SAMUEL KNIGHT G M, SEETHARAMAN S,et al. Failure Analysis of transmission line towers[J]. Engineering Structures,2011(25):231-240.

[48] ALAM M J,SANTHAKUMAR A R. Reliability analysis and full-scale testing of transmission tower [J]. Journal of Structural Engineering,1996,122(3):338-344.

[49] BYOUNG-WOOK MOON,JI-HUN PARK,SUNG-KYUNG LEE,et al. Performance evaluation of a transmission tower by substructure test[J]. Journal of Constructional Steel Research,2009(65):1-11.

[50] ALBERMANI F,MARHENDRAN M,KITIPORNCHAI S. Upgrading of transmission towers using a diaphragm brace system[J]. Engineering Structures,2004(26):753-754.

[51] YAN ZHUGE,JULIE E. MILLS,XING MA. Modelling of steel lattice tower angle legs reinforced for increased load capacity[J]. Engineering Structures,2012(43):160-168.

[52] JULIE E. MILLS, XING MA, YAN ZHUGE. Experimental study on multi-panel retrofitted steel transmission towers[J]. Journal of Constructional Steel Research,

2012(78):58-67.

[53] 谢强,孙力,林韩,等.500 kV 输电杆塔结构抗风极限承载力试验研究[J].高电压技术,2012,38(3):712-719.

[54] 谢强,杨洁.输电塔线耦联体系风洞试验及数值模拟研究[J].电网技术,2012,36(0):1-8.

[55] 赵桂峰,谢强,梁枢果,等.输电塔架与输电塔-线耦联体系风振响应风洞试验研究[J].建筑结构学报,2010,31(2):69-77.

[56] 谢强,李继国,严承涌,等.1000 kV 特高压输电塔线体系风荷载传递机制风洞试验研究[J].中国电机工程学报,2013,33(1):109-116.

[57] 梁枢果,邹良浩,赵林,等.格构式塔架动力风荷载解析模型[J].同济大学学报,2008,36(2):166-171.

[58] 张勇,严承涌,谢强.覆冰特高压输电塔线耦联体系风致动力响应风洞试验[J].中国电机工程学报,2010,30(28):94-99.

[59] BALLIO G, MEBERINI F, SOLARI G. A 60-year-old 100m high steel tower:limit states under wind action[J]. Journal of Wind Engineering and Industrial Aerodynamic,1992(41-44):2089-2100.

[60] GLANVILLE M J,KWOK K C S. Dynamic characteristics and wind induced response of a steel frame tower[J]. Journal of Wind Engineering and Industrial Aerodynamics,1995(54-55):133-149.

[61] 李杰,阎启,谢强,等.台风"韦帕"风场实测及风致输电塔振动响应[J].建筑科学与工程学报,2009,26(2):1-8.

[62] 何敏娟,杨必峰.江阴 500 kV 拉线式输电塔脉动实测[J].结构工程师,2003(4):74-79.

[63] STUMP,DONALD E. JR. Grouting to Control Coal Mine Subsidence[J]. Geotechnical Special Publication,Grouts and Grouting,1998 (S1):128-138.

[64] BRUHN R W,FERRELL J R,LUXBACHER G W,et al. The Structural Response of a Steel-Lattice Transmission Tower to Mining Related Ground Movements[C]. Proceedings of the 10th International Conference on Ground Control in Mining,West Virginia University,Morgantown,WV,1991:301-306.

[65] BRUCE HEBBLE WHITE. Outcomes of the Independent Inquiry Into Impacts of Underground Coal Mining on Natural Features in the Southern Coalfield-An Overview[C]. Proceedings of the 2009 coal operators conference,University of Uollongong,NSW,Austrilia,2009:112-123.

[66] 冯涛,袁坚,刘金海,等.建筑物下采煤技术的研究现状与发展趋势[J].中国安全科学学报,2006,16(8):119-123.

[67] 阳泉矿务局地质处.高压电塔下采煤[J].矿山测量,1979(3):20-27.

[68] 黄福昌.兖州矿区综放开采技术[J].煤炭学报,2010,35(11):1778-1781.

[69] 张文,刘玉河,孙楹森.龙口洼里煤矿高压线铁塔下采煤的观测与分析[J].矿山测量,1999(4):17-19.

[70] 郑彬,郭文兵,柴华彬.高压输电线路铁塔下采煤技术的研究[J].现代矿业,2009(1):

86-89.

[71] 罗文.地表220 kV输电线路铁塔下采煤技术措施[J].煤炭工程,2007(10):51-52.

[72] 何国清,杨伦,凌赓娣,等.矿山开采沉陷学[M].徐州:中国矿业大学出版社,1991.

[73] 王秀格,乔兰,孙歆硕.地下采空区上输电塔基稳定性的数值模拟[J].金属矿山,2008 (3):110-113.

[74] 李逢春,郭广礼,邓喀中.开采沉陷对架空输电线路影响预测方法及其应用[J].矿业安全与环保,2002,29(2):18-20.

[75] 袁广林,刘涛,张先扬,等.复合地表变形对输电铁塔内力和变形的影响分析[J].建筑科学,2009,25(9):14-17.

[76] 袁广林,陈建稳,杨庚宇,等.动态地表变形对输电铁塔内力和变形的影响[J].河海大学学报,2010,38(3):284-289.

[77] YUAN GUANGLIN,SHU QIANJIN,ZHANG YUNFEI,et al. Model experiment on anti-deformation performance of a self-supporting transmission tower in a subsidence area[J]. International Journal of Mining Science and Technology,2012(22):57-61.

[78] 郭文兵,郑彬.地表水平变形对高压线铁塔的影响研究[J].河南理工大学学报,2010, 29(6):725-730.

[79] 郭文兵,袁凌辉,郑彬.地表倾斜变形对高压线铁塔的影响研究[J].河南理工大学学报,2012,31(3):285-290.

[80] 袁广林,张云飞,陈建稳,等.塌陷区输电铁塔的可靠性评估[J].电网技术,2010,34 (1):214-218.

[81] 袁广林,舒前进,张云飞.超高压输电线路沉陷区输电铁塔安全性评价[J].电力建设, 2011,32(1):18-21.

[82] 刘涛.采动区自立式直线输电铁塔破坏机理及抗变形能力研究[D].徐州:中国矿业大学,2008.

[83] 刘林.采空区新建自立式输电转角塔的抗变形技术研究[D].徐州:中国矿业大学,2008.

[84] 王鑫.采动区110kV输电铁塔抗变形机理及加固技术研究[D].徐州:中国矿业大学,2010.

[85] 张先扬.沉陷区复合基础跨越塔抗变形性能及技术研究[D].徐州:中国矿业大学,2009.

[86] 陈卫明,陈卫国,夏军武,等.塔一线耦联对输电塔抗地表变形的影响研究[J].建筑钢结构进展,2012,14(2):34-39.

[87] 孔伟,张婷婷.采动区转角塔塔线体系内力与变形变化规律[J].黑龙江科技学院学报, 2011,21(6):445-449.

[88] 孙冬明.采动区送电线路铁塔力学计算模型及塔-线体系共同作用机理研究[D].徐州:中国矿业大学,2009.

[89] 郭文兵,雍强.采动影响下高压线塔与地基、基础协同作用模型研究[J].煤炭学报, 2011,36(7):1075-1080.

[90] 舒前进,袁广林,郭广礼,等.采煤沉陷区输电铁塔复合防护板基础抗变形性能及其板

厚取值研究[J].防灾减灾工程学报,2012,32(3):294-298.

[91] 杨风利,杨靖波,韩军科,等.煤矿采空区基础变形特高压输电塔的承载力计算[J].中国电机工程学报,2009,29(1):100-106.

[92] SHU QIANJIN,YUAN GUANGLIN,GUO GUANGLI,et al.Limits to foundation displacement of an extra high voltage transmission tower in a mining subsidence area [J].International Journal of Mining Science and Technology,2012(22):13-18.

[93] SHU QIANJIN,YUAN GUANGLIN,ZHANG YUNFEI,et al.Research on Anti-Foundation-Displacement Performance and Reliability Assessment of 500 kV Transmission Tower in Mining Subsidence Area[J].The Open Civil Engineering Journal, 2011(5):1-6.

[94] 孙俊华.煤矿沉陷区线路设计技术[J].山西电力,2004(3):13-14.

[95] 查剑锋,郭广礼,狄丽娟,等.高压输电线路下采煤防护措施探讨[J].矿山压力与顶板管理,2005,22(1):112-114.

[96] 史振华.沉陷区输电线路直线自立式塔基础沉降及处理方案[J].山西电力技术,1997 (3):18-35.

[97] 代泽兵,鲁先龙,程永锋.煤矿采空区架空输电线路基础研究[J].武汉大学学报,2009, 42(增刊):312-315.

[98] 张建强,杨昆,王予东,等.煤矿沉陷区地段高压输电线路铁塔地基处理的研究[J].电网技术,2006,30(2):30-34.

[99] 刘志强,刘世雄.同塔双回 220 kV 线路直接穿越煤矿采空区的实践[J].神华科技, 2010,8(4):51-54.

[100] 杜庆荣.铁塔倾斜原因及纠偏技术的探讨[J].武汉船舶职业技术学院学报,2006(3): 46-48.

[101] 邝梦明.220 kV 四端线 012 号铁塔基础纠偏技术分析[J].广东电力,2002,15(1): 67-69.

[102] 刘毓氚,刘祖德.输电线路倾斜铁塔原位加固纠偏关键技术研究[J].岩土力学,2008, 29(1):173-176.

[103] 杨建华,唐锡彬,赵健,等.采空区对输电线路塔基影响的安全评价及应急处理[J].辽宁工程技术大学学报,2012,31(4):456-460.

[104] 周虹霞.自立式铁塔倾斜原因分析及纠偏方法研究[J].上海电力,2011(3):254-256.

[105] 邓开清.高压配电线路铁塔带电纠偏技术[J].供用电,2008,25(2):40-42.

[106] 中华人民共和国国家质量监督检查检疫总局.GB/T 228.1—2010 中国标准书号 [S].北京:中国标准出版社,2011.

[107] 刘振亚.国家电网公司输变电工程典型设计-110kV 输电线路分册[M].北京:中国电力出版社,2005.

[108] 国家能源局.DL/T 5154—2012 中国标准书号[S].北京:中国电力出版社,2013.

[109] 国家能源局.DL/T 741—2010 中国标准书号[S].北京:中国电力出版社,2010.

[110] 舒前进.采动区超高压输电铁塔破坏机理与变形控制技术研究[D].徐州:中国矿业大学,2013.